2023四川省
绿色建筑与建筑节能年度发展报告

四川省绿色建筑与建筑节能工程技术研究中心
四川省建设工程消防和勘察设计技术中心　主编
四川省绿色节能建筑科普基地

西南交通大学出版社
·成　都·

图书在版编目（CIP）数据

2023四川省绿色建筑与建筑节能年度发展报告 / 四川省绿色建筑与建筑节能工程技术研究中心，四川省建设工程消防和勘察设计技术中心，四川省绿色节能建筑科普基地主编. -- 成都：西南交通大学出版社，2024. 10.
ISBN 978-7-5774-0130-0

Ⅰ. TU-023；TU111.4

中国国家版本馆CIP数据核字第2024T2N492号

2023 Sichuan Sheng Lüse Jianzhu yu Jianzhu Jieneng Niandu Fazhan Baogao

2023四川省绿色建筑与建筑节能年度发展报告

四川省绿色建筑与建筑节能工程技术研究中心
四川省建设工程消防和勘察设计技术中心　　　主编
四川省绿色节能建筑科普基地

策划编辑　周　杨
责任编辑　姜锡伟
责任校对　左凌涛
封面设计　曹天擎

出版发行　西南交通大学出版社
（四川省成都市金牛区二环路北一段111号
西南交通大学创新大厦21楼）
邮政编码　610031
营销部电话　028-87600564　028-87600533
网址　http://www.xnjdcbs.com
印刷　成都蜀通印务有限责任公司

成品尺寸　175 mm × 245 mm
印张　8
字数　138千
版次　2024年10月第1版
印次　2024年10月第1次
书号　ISBN 978-7-5774-0130-0
定价　68.00元

《2023四川省绿色建筑与建筑节能年度发展报告》编写委员会

主管部门：四川省住房和城乡建设厅

主编单位：四川省绿色建筑与建筑节能工程技术研究中心
四川省建设工程消防和勘察设计技术中心
四川省绿色节能建筑科普基地

顾问委员会（以姓名笔画排序）

主　任：叶长春　熊　风

副主任：王德华　史杨华　吴　体　余佳蔚　邱　磊　郭德琛
赖　伟　葛庆子

委　员：于　忠　于潇潇　马　杰　王　武　王家良　付　宇
乔振勇　任　鹏　刘　超　刘　民　江　维　李　彪
余南阳　张英达　张国昊　张　晶　杨　明　杨　曜
金卫兵　陈　彬　陈佩佩　钟辉智　贺　刚　袁艳平
贾　斌　徐　咏　黄志强　黄　朗　曾　卉　滕予非

编制委员会

主　编：高　波

副主编：于佳佳　胡彭超

成　员：王梦苑　施　毅　杨　森　王吉瑞　谭志坚　吴　勇
黄　建　曾丽雯　袁丹丹　薛　晓　付韵潮　张佳伟
李曼凌　魏　阳　陈玉敏　陈东平　张丽丽　曹晓玲
魏　莹　赵　丽　霍金鹏　张雪捷　巫朝敏　白文东
金　洁　苏英杰　徐　佳　霍海娥　倪　吉　段璐瑶
许义慧　陈建行　高忠伟　吴　东　周光鑫　曾　亮
董卓君　侯宇洲　王一冰　唐　瑞　吴丹丹　高慧翔
龚　波　杨　平　王胜男　万　军　吴　波　詹进生
王晓丽　张新潮　石　鹏　张绍兰　刘　虎

支持单位/鸣谢单位

四川省建筑科学研究院有限公司
中国电子系统工程第三建设有限公司
四川省建筑设计研究院有限公司
成都市建筑设计研究院有限公司
中国建筑西南设计研究院有限公司
国网四川省电力公司电力科学研究院
西华大学
成都市建科院工程质量检测有限公司
中建八局西南建设工程有限公司
四川省建设科技协会
四川省土木建筑学会
四川省房地产业协会

序　言

绿色发展是顺应自然、促进人与自然和谐共生的发展，是用最小资源环境代价取得最大经济社会效益的发展，是高质量、可持续的发展。绿色成为新时代中国的鲜明底色，绿色发展成为中国式现代化的显著特征。城乡建设是推动绿色发展的重要载体，随着新型城镇化的加快推进、人民群众对美好人居环境需要的日益增长，城乡建设也面临能源资源约束、生态环境污染等严峻问题。对此，城乡建设应积极适应新发展新要求，坚定不移地走绿色低碳发展新道路，牢牢把握高质量发展首要任务，抢抓新一轮科技革命和产业变革新机遇，培育经济新增长点。

四川省自全面开启绿色建筑与建筑节能工作以来，立足资源禀赋，完善法规制度，构建标准体系，突出科技创新，提高新建建筑节能水平，推动既有建筑节能改造，加大可再生能源应用，促进绿色建材推广应用，应用建筑节能与绿色建筑新技术、新材料，持续提升居住环境品质，努力为人民群众提供高品质的房子，城乡建设绿色发展取得显著成效，积累了系列成功经验和优秀案例。

本报告是在四川省绿色建筑与建筑节能工程技术中心长期工作经验的基础上，征集全省绿色建筑与建筑节能相关素材、吸纳国际有关典型案例和先进经验而成的，向从事绿色建筑与建筑节能相关工作的住房城乡建设行政主管部门、科研院所、行业协会、高等院校等公布，以促进行业政策和技术交流，促进建筑行业绿色低碳转型。

鉴于精力和水平有限，书中难免有疏漏和不妥之处，敬请读者指正。

编制委员会

2024 年 6 月

目　录

第 1 章

发展概述

根据《四川统计年鉴 2023》，2022 年年末四川省常住人口为 8374.0 万，全省城镇化率为 58.4%，低于全国城镇化率[①]6.8 个百分点。各市（州）常住人口及城镇化率情况如图 1-1 所示，2022 年年末成都市常住人口达到 2126.8 万，占全省常住人口的 25.4%，城镇化率达到了 79.9%，高于全国城镇化率 14.7 个百分点。整体来看，全省大部分市（州）的城镇化率均在 50.0%左右，仅甘孜州和凉山州的城镇化率低于 40.0%。至 2023 年年末，全省常住人口为 8368.0 万，较上年年末减少约 6 万，其中城镇人口 4978.1 万，乡村人口 3389.9 万。常住人口城镇化率提升至 59.5%，比上年年末提高 1.1 个百分点。

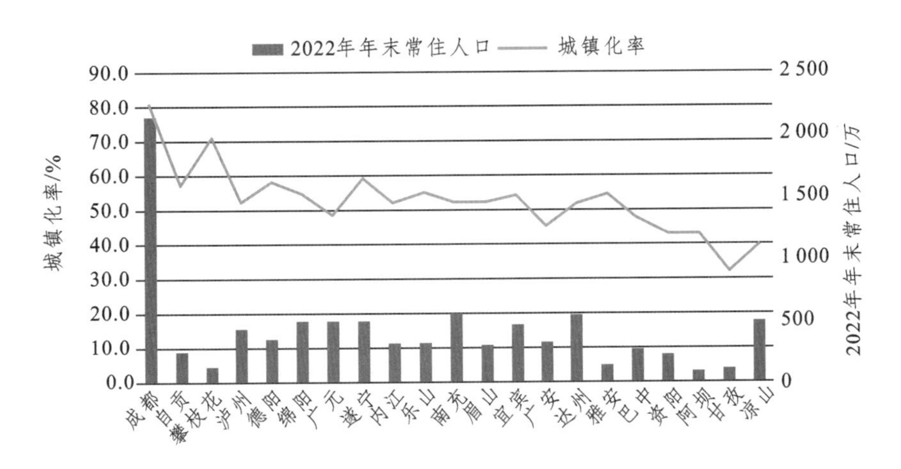

图 1-1　四川省 2022 年年末各市（州）常住人口及城镇化率

2023 年年底，全省城乡既有建筑总量约为 54.9 亿 m²。其中：城镇既

① 根据《中华人民共和国 2022 年国民经济和社会发展统计公报》，2022 年年末全国常住人口城镇化率为 65.2%。

有建筑总量约为 31.0 亿 m^2，占城乡既有建筑总量的 56.5%；乡村既有建筑总量约为 23.9 亿 m^2，占城乡既有建筑总量的 43.5%。在城镇既有建筑中，居住建筑约 22.3 亿 m^2，占城镇既有建筑的 71.9%；公共建筑约 8.7 亿 m^2，占城镇既有建筑的 28.1%。各市（州）城乡既有建筑面积分布情况如图 1-2 所示。

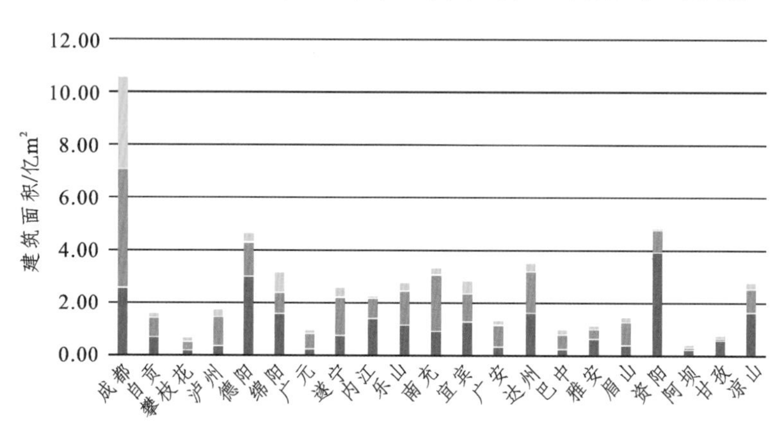

图 1-2 截至 2023 年年底各市（州）既有建筑面积分布

根据《四川统计年鉴 2023》，2022 年四川省全社会能源消费总量为 22545.0 万吨标准煤，结合全社会各领域计算边界，计算得出城乡建设领域能源消费总量为 6029.2 万吨标准煤，占四川省全社会能源消费总量的 26.7%。

1.1 建筑节能行业发展现状

1.1.1 建筑规模分析

2023 年全省城镇新增建筑面积 14056.9 万 m^2。其中：城镇新增居住建筑面积 10922.6 万 m^2，占比为 77.7%；新增公共建筑面积 3134.3 万 m^2，占比为 22.3%。如表 1-1 所示，成都市 2023 年新增城镇建筑面积达到了 4335.0 万 m^2，占全省新增建筑面积的 30.8%。此外，德阳、南充、眉山、宜宾等地级市的新增城镇建筑面积均超过了 1000 万 m^2。自 2022 年 4 月 1 日起，全省城镇新建建筑执行最新节能标准，其中夏热冬冷和夏热冬暖地区的居住建

筑节能标准达到 65%，严寒和寒冷地区的居住建筑节能标准达到 75%，而公共建筑则统一执行 72%的节能标准。2023 年各市（州）在项目设计和验收阶段均 100%执行节能标准。

表 1-1 2023 年各市（州）城镇建筑规模统计

市（州）	2023 年城镇新增建筑面积/万 m^2	2023 年城镇新增居住建筑面积/万 m^2	2023 年城镇新增公共建筑面积/万 m^2	2023 年城镇新增建筑面积比例/%
成都	4335.0	3337.0	998.0	30.8
眉山	1133.9	963.7	170.3	8.1
南充	1117.6	1021.7	95.9	8.0
德阳	1068.7	726.0	342.6	7.6
宜宾	1053.9	752.3	301.6	7.5
内江	669.0	602.0	67.0	4.8
泸州	595.9	408.4	187.5	4.2
凉山	530.5	393.7	136.8	3.8
达州	520.0	220.0	300.0	3.7
广安	481.7	434.7	47.1	3.4
乐山	462.3	416.0	46.3	3.3
绵阳	412.2	381.1	31.0	2.9
遂宁	395.8	277.4	118.4	2.8
自贡	256.0	221.3	34.8	1.8
攀枝花	207.1	162.2	44.9	1.5
广元	198.0	158.4	39.6	1.4
雅安	196.8	155.6	41.2	1.4
资阳	184.3	134.5	49.7	1.3
巴中	132.3	121.5	10.8	0.9

续表

市（州）	2023年城镇新增建筑面积/万 m^2	2023年城镇新增居住建筑面积/万 m^2	2023年城镇新增公共建筑面积/万 m^2	2023年城镇新增建筑面积比例/%
甘孜	55.3	15.3	40.0	0.4
阿坝	50.8	19.9	30.9	0.4
合计	14056.9	10922.6	3134.3	100.0

1.1.2 超低、近零能耗建筑规模分析

各市（州）数据显示，2023年全省新建超低、近零能耗建筑面积为24.1万 m^2。截至目前，四川省范围内累计建成超低、近零能耗建筑的总建筑面积为82.6万 m^2，其中居住建筑面积为26.7万 m^2，公共建筑面积为55.9万 m^2，主要分布在成都、绵阳和南充，分别占比24.6%、38.5%以及36.9%，如图1-3所示。

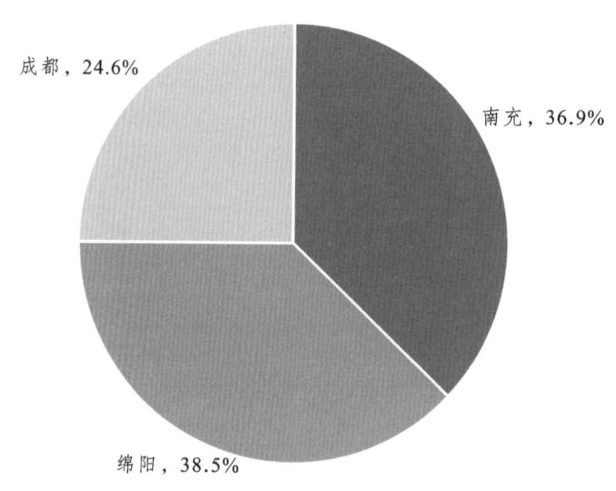

图1-3 城镇累计建成超低、近零能耗建筑面积的地区分布情况

1.1.3 可再生能源利用情况

全省可再生能源应用主要包括太阳能光热、太阳能光伏、地热能应用等。市（州）数据显示，在太阳能光热应用方面，2023年全省新增建筑应用面积508万 m^2，主要集中在德阳、成都和攀枝花，如图1-4所示。在太阳能光伏应用方面，2023年全省新增太阳能光伏装机容量133.8MW，主要分布在宜

宾和攀枝花，分别达到了 66.1MW 和 29.4MW，如图 1-5 所示。在地热能应用方面，2023 年全省新增地热能应用面积 33.3 万 m^2，主要集中在德阳和成都，分别为 21.9 万 m^2 和 11.4 万 m^2。

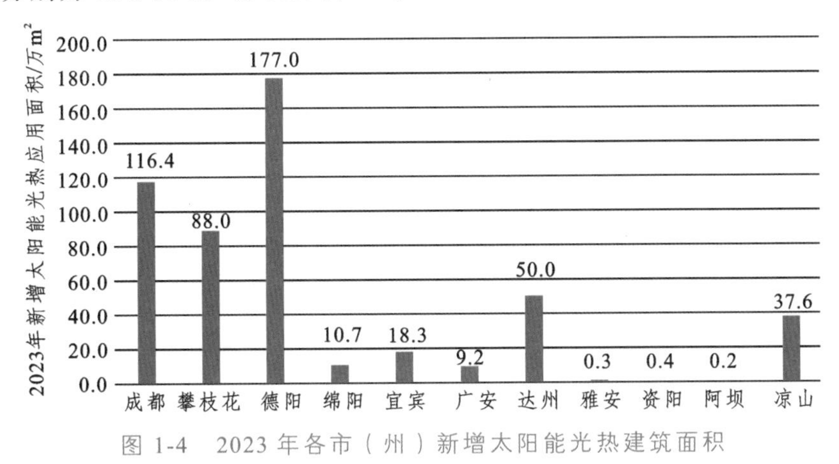

图 1-4　2023 年各市（州）新增太阳能光热建筑面积

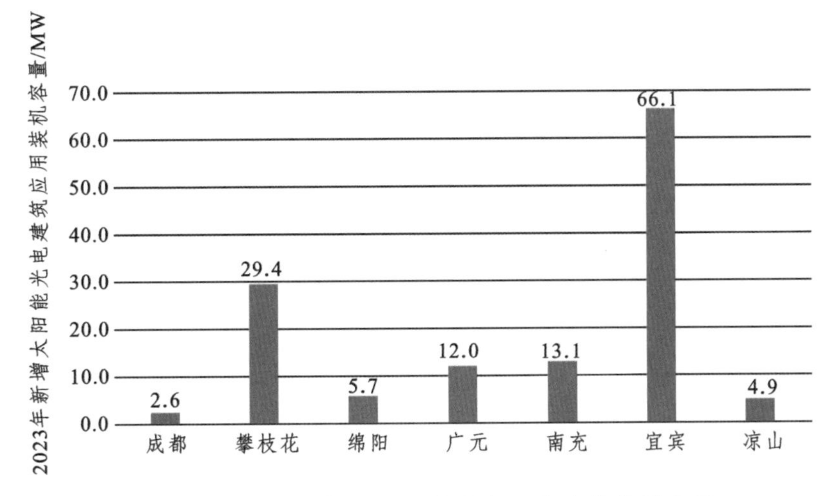

图 1-5　2023 年各市（州）新增太阳能光伏装机容量

1.1.4　既有建筑节能改造情况

2023 年全省完成既有居住建筑节能改造面积 1296.2 万 m^2，其中绵阳、德阳、达州改造面积数量较多，分别达到了 393.5 万 m^2、363.0 万 m^2、216.8 万 m^2，如图 1-6 所示。全省共完成公共建筑节能改造面积 280.8 万 m^2，如图 1-7 所示。

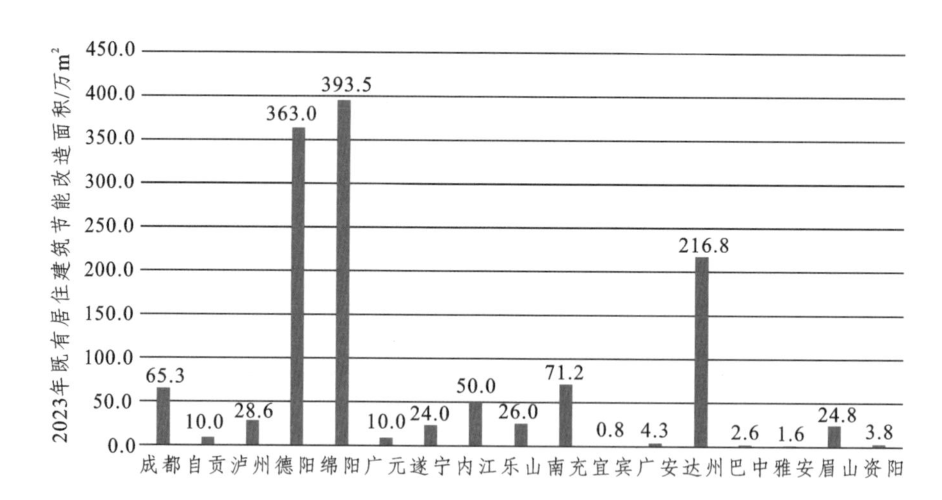

图 1-6　2023 年各市（州）完成居住建筑节能改造建筑面积

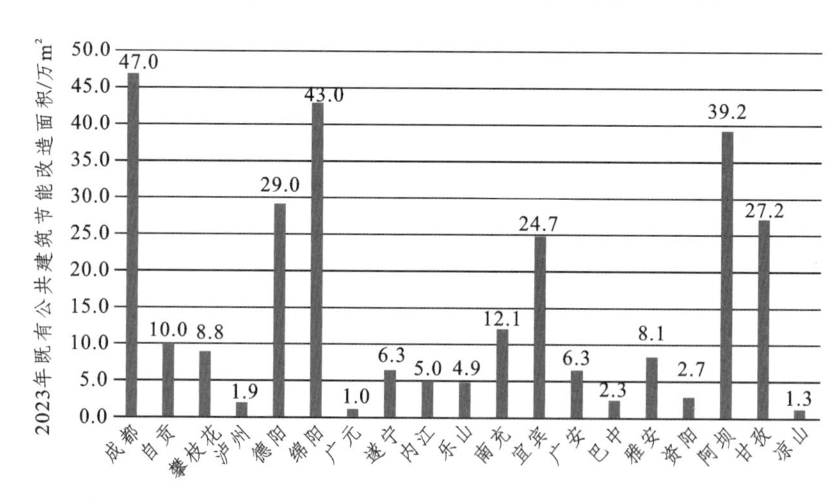

图 1-7　2023 年各市（州）完成公共建筑节能改造建筑面积

1.2　绿色建筑行业发展现状

1.2.1　绿色建筑发展规模分析

截至 2023 年年底，四川省绿色建筑项目总数达 13131 个，总建筑面积累计达 79736.0 万 m²，见表 1-2。2023 年城镇新增绿色建筑面积 13126.5 万 m²，占全省城镇新建建筑面积的 94.2%，相对 2022 年提高了 8 个百分点。在全省 21 个市（州）中，有 16 个市（州）的新建绿色建筑占比超过 90%，

南充市和宜宾市的新建绿色建筑占比接近 90%。2023 年四川省城镇新增星级绿色建筑面积占绿色建筑总面积的 44.0%，其中成都市的占比最高，达到了 93.3%，其次是雅安、绵阳、宜宾、攀枝花等城市，占比均超过了 30%，提前达到了住房和城乡建设部《城乡建设领域碳达峰实施方案》中“到 2025 年，城镇新建建筑星级绿色建筑占比达到 30%”的目标。

表 1-2　各市（州）绿色建筑规模统计

市（州）	城镇累计绿色建筑面积/万 m^2	2023 年城镇新增绿色建筑面积/万 m^2	2023 年城镇新增总建筑面积/万 m^2	2023 年城镇新增绿色建筑面积占总建筑面积比例/%	2023 年城镇新增星级绿色建筑面积占绿色建筑总面积比例/%
成都	24939.0	4139.0	4335.0	95.5	93.3
眉山	7703.5	1062.1	1133.9	93.7	1.1
德阳	6512.2	1065.0	1068.7	99.7	29.1
泸州	4930.3	595.9	595.9	100.0	28.3
南充	4726.3	1003.9	1117.6	89.8	27.8
宜宾	4384.9	937.9	1053.9	89.0	49.4
达州	3615.4	520.0	520.0	100.0	9.9
内江	3401.0	669.0	669.0	100.0	9.3
乐山	3192.6	370.6	370.6	100.0	0.0
绵阳	2554.0	409.0	412.2	99.2	52.6
自贡	2355.6	232.1	256.0	90.7	13.8
遂宁	2255.5	299.7	361.3	83.0	0.0
凉山	1840.0	431.3	530.5	81.3	0.0
广安	1705.4	414.8	481.7	86.1	15.7
巴中	1463.5	121.5	132.3	91.8	0.0
广元	1225.6	193.0	198.0	97.5	10.4
资阳	939.0	184.3	184.3	100.0	0.0
雅安	796.2	183.2	196.8	93.1	78.7
攀枝花	558.0	196.5	207.1	94.9	46.2
阿坝	357.4	47.0	50.8	92.5	0.0
甘孜	280.5	50.7	55.3	91.7	0.0
合计	79736.0	13126.5	13930.9	94.2	44.0

1.2.2 绿色建筑标识项目现状

2021 年 12 月，四川省住房和城乡建设厅正式印发了《四川省绿色建筑标识管理实施细则》，为规范我省绿色建筑标识管理，推动绿色建筑高质量发展提供了依据，奠定了基础。自新的绿色建筑标识管理实施细则实施以来，截至 2024 年 1 月，全省共有 9 个项目获得了绿色建筑运行标识证书，其中包括 5 个一星级项目和 4 个二星级项目，如图 1-8 所示。获得标识的项目主要集中在成都市和自贡市，分别占比 44.5%和 22.2%，如图 1-9 所示。

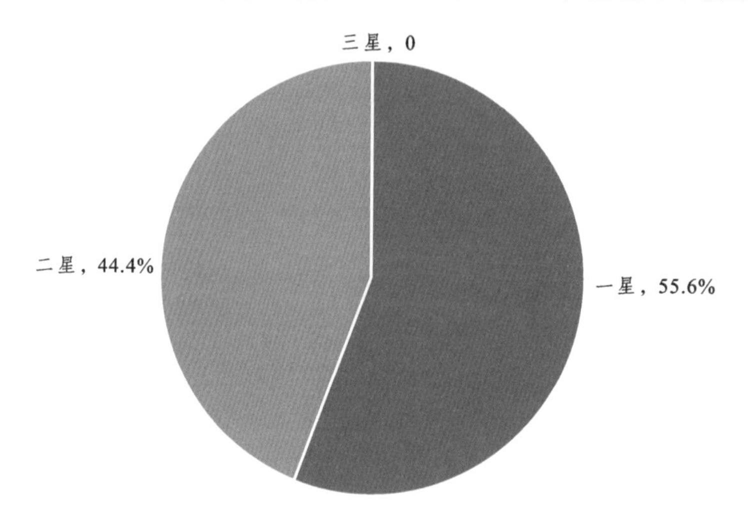

图 1-8　四川省绿色建筑标识项目星级分布

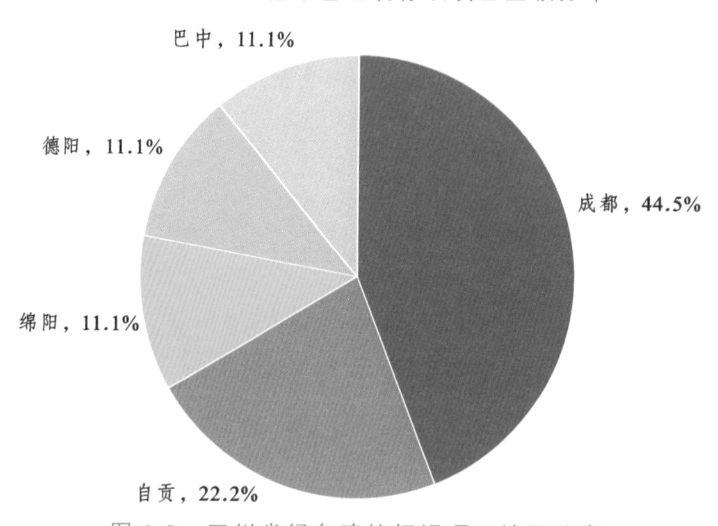

图 1-9　四川省绿色建筑标识项目地区分布

1.2.3　绿色建材认证证书现状

根据国家市场监督管理总局中国绿色产品标识认证信息平台数据显示，截至 2024 年 3 月 28 日，全省共有绿色建材标识证书 507 张，主要分布在成都、德阳、眉山和泸州等城市，具体数量分别为 240 张、82 张、49 张和 47 张。其中成都市的绿色建材标识证书数量占全省总量的 47.4%，如图 1-10 所示。

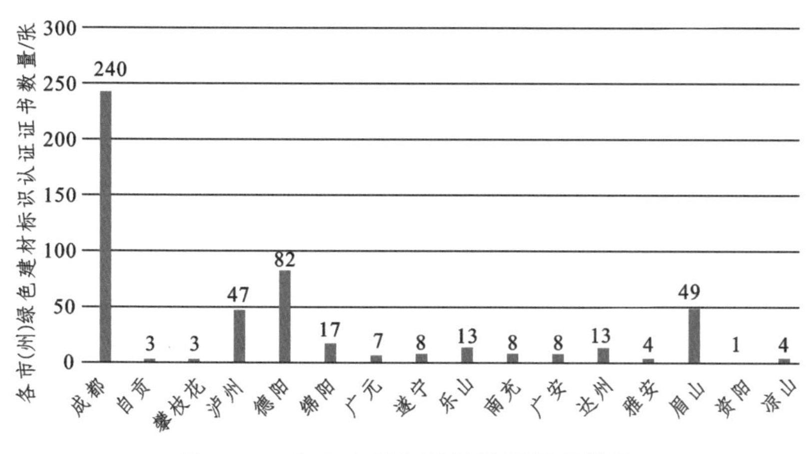

图 1-10　各市（州）建材认证证书数量

1.3　四川省绿色建筑与建筑节能领域政策制定情况

2023 年 1 月，四川省发展和改革委员会会同四川省能源局联合印发《四川省能源领域碳达峰实施方案》，方案提出通过能源结构调整优化、能源绿色低碳转型关键技术创新、能源产业链碳减排、用能方式绿色转型升级、体制改革和机制创新，加强统筹协调、压实地方主体责任、严格监督考核。到 2025 年，清洁低碳、安全高效的能源体系基本建成。水电、风电、太阳能发电总装机容量达到 1.38 亿 kW，清洁能源装机占比 89%左右，非化石能源消费比重提高到 41.5%左右，天然气消费比重达到 19%，煤炭消费比重持续降低，电能占终端用能比重达到 30%，新型电力系统建设稳步推进，能源低碳消费新模式新业态加快发展，为实现碳达峰奠定坚实基础。到 2030 年，清洁低碳、安全高效的能源体系进一步巩固。水电、风电、太阳能发电总装机容量达到 1.68 亿 kW，非化石能源消费比重达到 43.5%左右，天然气消费比重达到 21%，煤炭消费比重进一步降低，电能占终端用能比重达到 35%，新型电力系统建设取得重要进展，能源领域二氧化碳排放实现达峰。

2023 年 2 月，四川省住房和城乡建设厅等 17 部门发布《关于加强县城绿色低碳建设的实施意见》，到 2025 年，县城绿色低碳发展体制机制和政策体系基本建立，建设方式绿色转型成效显著，基础设施和公共服务设施能力提升，人居环境质量有效改善，绿色生产生活方式得到推广，绿色低碳县城建设指标体系基本健全，培育创建 30 个左右生态环境优美、居住条件舒适、绿色低碳节约、城市功能完善、风貌特色突出、历史文化彰显、管理机制健全的“三绿”绿色低碳示范县城。

2023 年 4 月，四川省财政厅印发《财政支持做好碳达峰碳中和工作实施意见》，打开财政支持“双碳”工作的政策“工具箱”，构建有利于促进资源高效利用和绿色低碳发展的财税政策体系。重点支持绿色低碳优势产业高质量发展、构建清洁低碳安全高效能源体系、推进低碳交通运输体系建设、节能降碳增效和资源节约利用、提升城乡建设绿色低碳发展质量、推动绿色低碳关键技术研发应用、生态碳汇能力巩固提升、完善绿色低碳市场体系建设等 8 个方面。（支持开展公园城市建设、森林城市建设、生态园林城市创建示范、海绵城市建设示范、零碳建筑示范城市试点、零碳村庄试点，持续扩大绿色增量。推进公共建筑能效提升重点城市建设。支持绿色建筑和绿色社区创建行动，鼓励零碳社区建设，大力推进完整居住社区建设。推进可再生能源建筑应用，支持光伏建筑一体化与建筑用能电气化和低碳化，支持超低能耗、近零能耗建筑、低碳建筑规模化发展，以及城镇既有建筑节能改造。推进市政基础设施节能节水改造，推进城市绿色照明。支持公共建筑能耗监测和统计分析，推行建筑能效测评标识，开展建筑领域低碳发展绩效评估，支持县城绿色低碳建设。开展农村人居环境整治提升五年行动，结合“美丽四川·宜居乡村”建设，推进农村绿色低碳发展。）

2023 年 6 月，四川省经济和信息化厅、四川省发展和改革委员会等联合发布《关于加强绿色低碳技术、装备、产品推广应用的通知》，到 2025 年，绿色低碳技术、装备、产品创新能力进一步增强，支持绿色低碳技术、装备、产品推广应用的制度政策体系和体制机制基本健全，带动重点领域绿色低碳转型取得明显成效，在绿色工厂、绿色园区、节约型机关、绿色学校、绿色社区、绿色出行、绿色建筑等有关创建行动中，将绿色低碳技术、装备和产品推广应用纳入评价体系，进一步发挥示范带动作用。

2023 年 7 月，四川省发展和改革委员会、四川省经济和信息化厅联合印发《四川省固定资产投资项目节能审查实施办法》，对各级部门管理职责、节能审查、监督管理等内容作了规定，明确了节能报告中应体现项目概况、评价依据、方案节能分析和比选、节能技术措施及经济论证、能效水平及能源消费情况、碳排放统计核算等内容。

2023 年 7 月，四川省生态环境厅、四川省发展和改革委员会等联合印发《四川省减污降碳协同增效行动方案》，此方案既是当前和未来一段时间四川省协同推进减污降碳的行动指南，也是四川省碳达峰碳中和“1+N”政策体系的重要组成部分。从源头防控、重点领域、环境治理、模式创新、支撑保障、组织实施等 6 个方面着手部署行动方案，三分部署，七分落实。积极稳妥推进减污降碳协同增效，把“规划图”变成“施工图”、“时间表”变成“计程表”，离不开全社会的共同参与和积极推动，必须完善工作机制、细化任务清单、健全激励约束机制，确保各项目标任务不折不扣落到实处。

2023 年 8 月，经省政府同意，四川省住房和城乡建设厅、四川省发展和改革委员会、四川省自然资源厅联合印发《四川省城乡建设领域碳达峰专项行动方案》，加快转变城乡建设方式，促进绿色低碳转型，助推全省住房城乡建设高质量发展。方案从城市结构布局、绿色低碳社区、绿色低碳建筑、绿色低碳住宅、基础设施、用能结构、绿色低碳建造、绿色低碳县城、绿色低碳乡村、乡村人居环境 10 个方面，提出了 33 项具体措施。

第2章

科技创新

绿色建筑与建筑节能行业的发展离不开科技创新驱动和技术标准规范支撑。2023年，四川省在绿色建筑与建筑节能领域持续加大科研课题投入和技术标准规范的制定力度，取得了一定成效，有力推动了绿色建筑与建筑节能行业的高质量发展。

2.1 理论与技术创新

2023年，四川省围绕碳达峰碳中和、绿色建造等领域，开展绿色建筑与建筑节能相关科研课题研究工作，形成了较多的研究成果。以下主要介绍部分研究成果。

2.1.1 基于“空-天-地”多源数据融合的城市立体化碳监测

1. 概　况

本项目围绕国家“双碳”目标重大战略，面向政府、企业精细化碳监管需求，着眼当前存在区域碳监测方法不成熟、碳监测体系不完善、碳排放管理不智能等问题，率先启用碳卫星监测手段，打破传统数据资源利用模式，通过融合能源电力数据、多源碳卫星等内外部数据，应用数字技术和大数据挖掘手段，构建起“天地一体”的立体化碳监测网络，推出碳监测一体化解决方案，实现城市多层级数字化示范应用场景，助力成渝地区双城经济圈绿色低碳高质量发展。

（1）技术亮点及创新性

项目按照“3+3+3”工作思路开展，即融合卫星遥感、地面监测、能源电力三维数据，打造多源数据底座；引入区域碳源汇计量、建筑“能耗-电气化率-碳排放”监测计量三大体系，打造算法模型集成智慧脑；开发面向城市、

园区、建筑三大服务对象的应用场景，搭建起多元化双碳场景“展示台”；提供碳排放监测系统、碳排放计算小工具、碳数据可视化展示大屏等手段，可实现城市、区域碳浓度精细化监测和碳汇量监测，建筑能耗、碳排放洞察，园区、企业碳排放监测等功能。整体思路如图 2-1 所示。

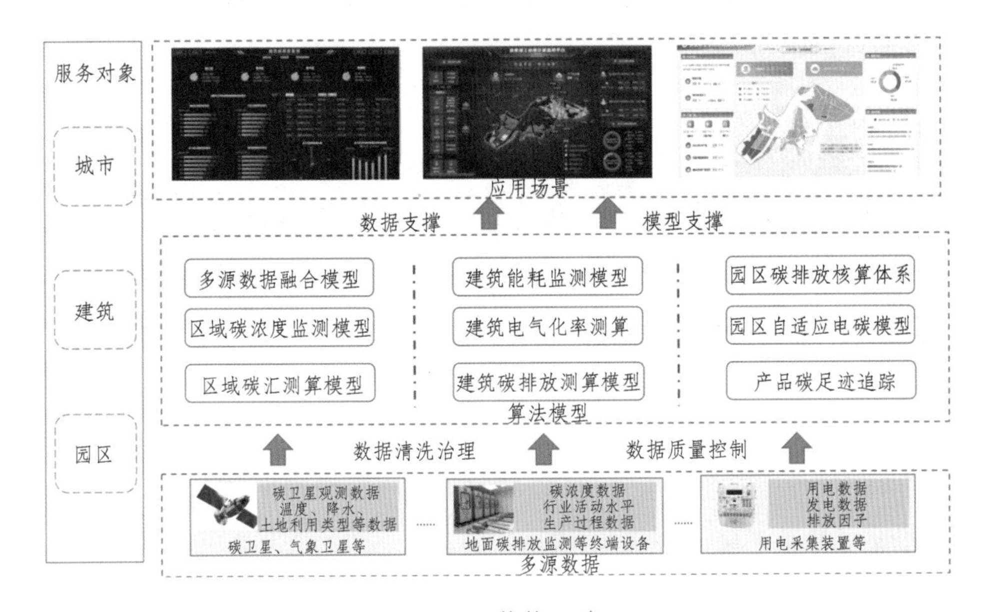

图 2-1 整体思路

①“天地一体”碳监测体系。

针对当前城市碳监测方法不成熟，构建“天地一体”城市碳监测网络，突破卫星领域与能源电力领域的融合，实现了区域碳监测全方位高精度覆盖。

在卫星碳监测方面，通过汇聚 OCO-2、OCO-3、GOSAT 等多颗碳卫星数据，融合气象、国土、电力等数据，采用人工智能算法，生成城市 1km 网格的每日 CO_2 浓度数据、500m 网格的年度碳汇数据，有效提升区域碳监测精度与准确性，解决现有碳监测体系信息联动不足、时空分辨率低、覆盖范围不广等问题。

在电碳监测方面，构建起建筑领域碳排放“能-电-碳”监测模型（图 2-2），提出面向城市、园区、建筑的“以电测碳”计量体系，解决传统碳统计方法不确定性大、成本较高、时效性差等问题，实现地面城市终端碳排放的近实时动态监测，创新构建电网动态排放因子模型，精准量化四川清洁能源发电与外送减碳成效，更精确、更真实地反映四川清洁能源“绿色属性”。

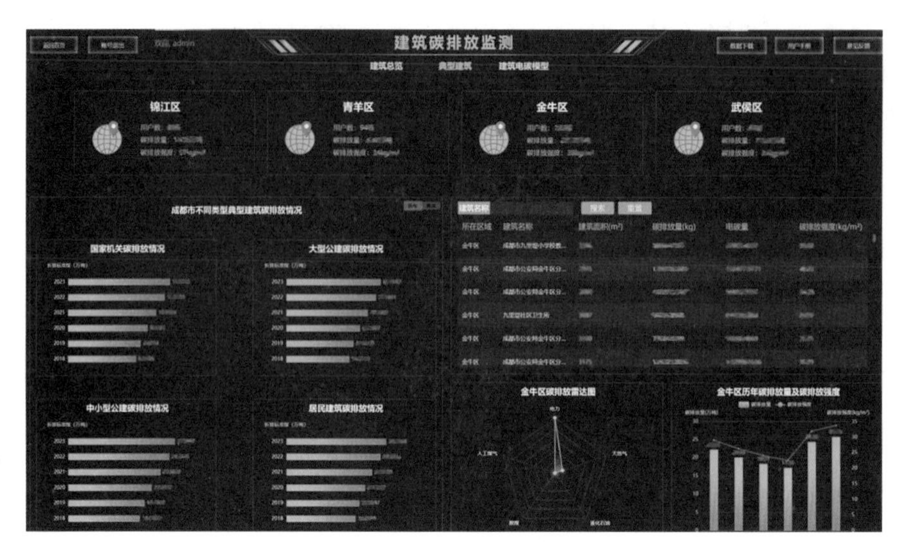

图 2-2　电碳监测展示界面

② 碳中和大数据平台。

针对城市碳中和评估未实现智能化的问题，依托数字化手段，搭建起国内首个集“数据汇聚-模型集成-成果展示”为一体的城市碳中和大数据平台（平台界面如图 2-3 所示），辅助支撑城市低碳决策。

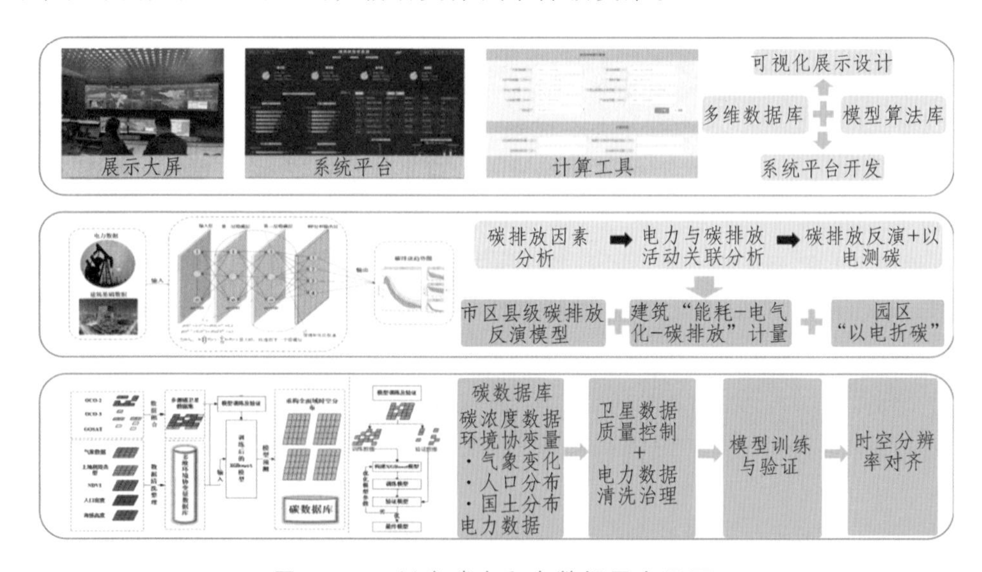

图 2-3　四川省碳中和大数据平台界面

A. 数字化引领，打造坚实数据底座。全面梳理与碳监测、碳治理相关业务的数据需求，构建起服务城市低碳发展一体化的数据资源目录，明确各项数据来源与更新频度，并基于数据接口技术，实现多源多维数据的自动化汇聚，为碳监测与治理奠定了坚实数据基础。

B. 数字化赋能，实现模型算法智能化。基于城市碳数据库，通过大数据应用技术剔除噪声数据，提升数据质量，同时集成“天地一体”碳监测网络与减污降碳协同治理体系模型算法，实现监测与治理结果自动化输出，有效助力碳监测与治理能力现代化与智能化提升。

C. 数字化创新，提升数据应用灵活性。基于模型算法计算结果数据，搭建起通用化、基础化数据分析模块，灵活性强，适用区域能源保供、区域绿色经济低碳发展、环保限产等不同需求场景的成果智能展示，充分发挥多源数据应用价值。

（2）适用范围

适用于城市、园区、建筑三大服务对象的碳排放监测与管理。

（3）项目应用实景图（图 2-4）

图 2-4　某工业园区碳监测平台

2. 工程应用要点

“空-天-地-电”有效数据体量大于 20TB，数据有效时间范围覆盖 10 年；

搭建高精度碳浓度拟合插补模型，模型插补精度：均方根差$<2\times10^{-6}$，决定系数>0.9；

构建碳排放高精度反演模型：时间分辨率$\leqslant$1d，空间分辨率$\leqslant$1 km^2。

3. 实际应用效果

（1）碳监测与治理能力显著提升，支撑打造川渝地区双碳样板

在碳监测方面，成果通过构建“天地一体”碳监测网络，助力碳监测精度与时效性的显著提升，一是实现了川渝地区 1km 网格精度碳浓度每日动态测算与 500m 网格精度碳汇强度年度测算，完成近 10 年川渝地区碳源汇计算，助力掌握川渝地区碳排放与吸收时空演变态势，精准定位排放与吸收热点区域，助力碳减排管理决策；二是基于国家电网有限公司独有电力数据优势，借助建筑行业“能电碳”模型，实现碳排放动态测算精细到建筑、园区、用户，首创电网动态排放因子模型，量化四川清洁能源减碳成效，“十三五”期间，四川清洁能源发电相对于传统火电减碳约 14 亿 t，助力打造双碳样板。

（2）机制体系创新成果突出，助力政府双碳决策

在合作机制方面，深化“政府-央企-高校-研究机构”合作，构建起多方参与的碳监测管理新生态，有效提升监测效率。国网四川省电力公司电力科学研究院以副主任单位参与四川省碳中和创新中心基地建设，主导打造国网公司新型电力系统碳评估实验室西南分中心，与四川大学共建碳中和产教融合联合培养基地，汇聚多家高校和研究机构，牵头成立四川省电机工程学会碳中和技术创新专委会，构建起服务政府双碳决策的双碳智库。

在标准创新方面，率先开展基于能源电力数据驱动的智慧城市评价国际标准化研究，牵头立项全球首个国际标准化组织[①]近零碳城市路径案例国际标准，牵头及参编《智能电表碳标签评价技术规范》《四川省公共建筑运行碳排放监测系统技术标准》《数据中心碳标签评价规范》《电力建设工程绿色建造评价规范》等地方、行业、团体标准，实现成果向标准转化，支撑政府双碳决策。

（3）经济、社会效益显著，成果形成广泛影响力

项目具备“独立知识产权+成熟技术标准+数字支撑平台”多维成果，建成高标准城市碳监测体系，形成市、县、园区多层级示范试点。《多源数据融合服务成渝地区绿色低碳发展》获全国电力企业管理创新论文大赛特等奖，《成渝经济圈低碳评价与治理示范工程》获批 2023 年国家能源互联网产业及技术创新联盟能源数字化示范工程，在推动川渝经济绿色低碳高质量发展上做出示范和引领；支撑广元电解铝产业园区试点开展碳排放监测和以电折碳

① 国际标准化组织（International Organization for Standardization，简称为 ISO）成立于 1947 年，是标准化领域中的一个国际组织，负责当今世界上多数领域（包括军工、石油、船舶等垄断行业）的标准化活动。

预测，推动省级近零碳排放园区示范建设，助力成渝地区绿色制造，促进特色铝产业链绿色低碳转型，服务成渝地区绿色低碳高质量发展。

课题研究单位：国网四川省电力公司电力科学研究院

2.1.2 高大空间洁净室气流组织关键技术及应用

1. 概 况

随着工业技术的不断发展，工业建筑产生的能耗也在逐年上升，工业建筑领域存在极大的节能潜力。降低系统能耗、节约能源、提高能源利用率是发展新质生产力的重要举措。工业建筑暖通空调系统能耗占建筑总能耗约50%，对洁净空调系统进行优化设计，能极大地降低工业建筑能耗。在当前工业生产规模大型化、机械化的趋势下，必须对高大空间洁净厂房空调系统节能问题进行研究，从设计细节中寻找节能途径，实现最优的空调系统方案，最终达成节能减排的目标。

高大空间洁净室由于净空较高，气流组织难，系统选型难，一直是洁净室空调设计领域的重难点，且该领域没有相关的国家规范和指导文件，这给高大空间洁净系统设计带来了诸多挑战。本课题主要针对高大空间洁净室气流组织情况进行计算流体动力学①仿真模拟研究，探索高大空间空调系统设计的常用做法，为高大空间洁净空调系统设计提供宝贵的经验。本研究选择了三个典型项目的高大空间，分析原设计的气流组织形式，通过气流模拟得出优化后的气流组织形式，以此得出三个常用的高大空间气流组织形式的优缺点和适用场合。本次研究选取的三个常用高大空间气流组织形式为：高大洁净厂房温湿度独立控制及气流侧送+顶上送+侧下回气流组织形式，高大空间洁净室温湿度、洁净度独立控制形式，高大空间洁净室立体送风柱气流组织形式。

技术亮点及创新性：

① 高大洁净厂房温湿度独立控制及气流侧送+顶上送+侧下回气流组织形式。

本课题选取江苏某铜箔项目二层生箔车间为研究对象，该车间长210m，宽21m，层高10.3m。生箔车间洁净等级为万级，室内设计温度为(25±5)℃，湿度为≤50%，空调系统为全空气系统。新风经新风空调机组预冷盘管处理后送入一次回风空调机组，与回风混合后再经冷盘管冷处理，经过滤器过滤

① 计算流体动力学（Computational Fluid Dynamics，简称为CFD）主要研究内容是通过计算机和数值方法来求解流体力学的控制方程，对流体力学问题进行模拟和分析。

后送入洁净车间内。

原设计气流组织方式为侧墙距地高度 4.5m 处送风+侧墙上回+侧下回的气流组织形式，送风量按照换气次数 15 次/h 计算。由于生箔车间生箔机产热量巨大，热负荷大而湿负荷小，结合生箔车间洁净厂房工艺生产特点，课题组对原设计空调系统方案和气流方式进行优化设计。空调系统方案选用新风空调机组（MAU）+组合式空气处理机组（AHU）独立处理的方式，新风通过新风机组 MAU 预冷段处理后，流经再冷段和高效过滤段后直接送入室内，AHU 空调机组仅处理生箔车间回风。新风机组 MAU 负责控制生箔车间的湿度，而 AHU 负责控制生箔车间的温度。以此实现洁净厂房内温湿度独立控制的要求。同时利用 CFD 仿真模拟技术对空调系统方案进行模拟，根据模拟结果对气流组织方式进行优化完善，气流组织方案如图 2-5 所示。

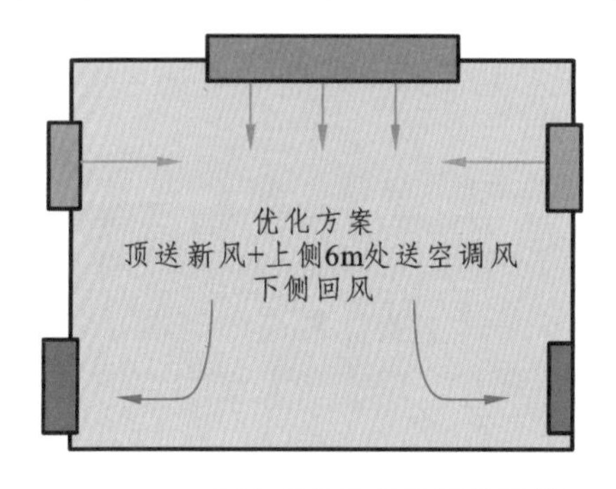

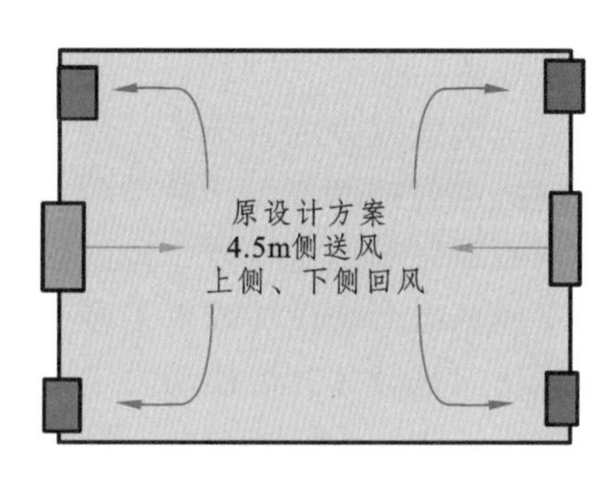

图 2-5　气流组织方案

通过 CFD 气流模拟技术对洁净车间内速度场、温度场、湿度场、涡流区、空气龄等进行分析，再结合工艺生产设备分布特点合理地布置送回风口位置，根据模拟结果对空调系统方案及气流组织方式进行优化完善。在保证洁净室洁净度的前提下，改善室内的气流流动，在降低空气龄的情况下，减少洁净室换气次数。在降低风量的同时、实现系统设备运行节能、冷热源系统节能。

② 高大空间洁净室温湿度、洁净度独立控制形式。

本课题的研究对象为浙江某半导体项目的 1#生产厂房二层光刻间。通过温湿度独立控制系统在 1000 级洁净室［温度要求（25±1）℃、湿度要求（50±5）%］的应用，研究了温湿度独立控制系统的优势，并通过 CFD 气流模拟出最优的高架地板排布方式。

本次研究对象的 CFD 模拟区域长 25.2m、宽 20.4m。光刻间下夹层高

5.2m，洁净区层高 3.6m，上夹层高 1.8m，模型面积 497m²。该区域的气流组织方式为顶上送+下回的单向流。风机过滤机组(FFU)高效风口共计 183 台。

利用 CFD 仿真模拟软件建立房间模型，利用 CFD 技术模拟得出风速矢量图、风速云图、温度云图、空气龄云图 (图 2-6~图 2-9)，分析该系统在洁净室内的应用模拟情况。并对高架地板的排布方式、开孔板的布置率、FFU 的布置率进行多次调整和再模拟，得出最优的气流组织方式。

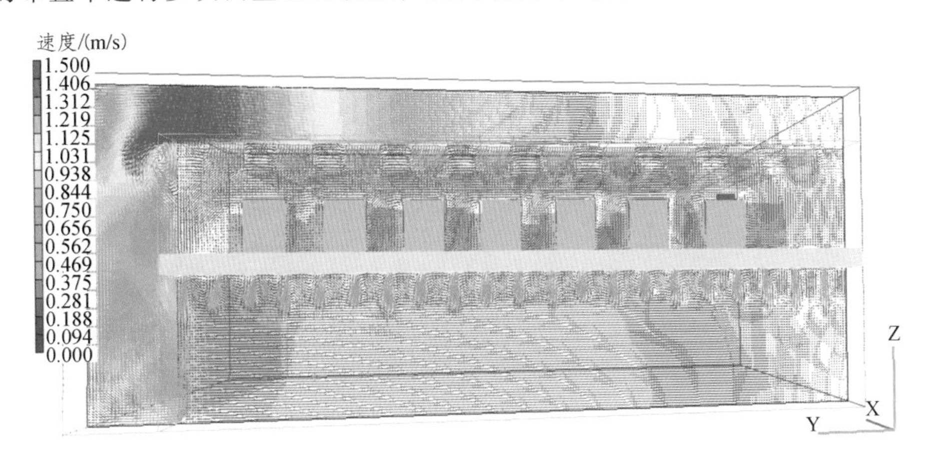

图 2-6 风速矢量图

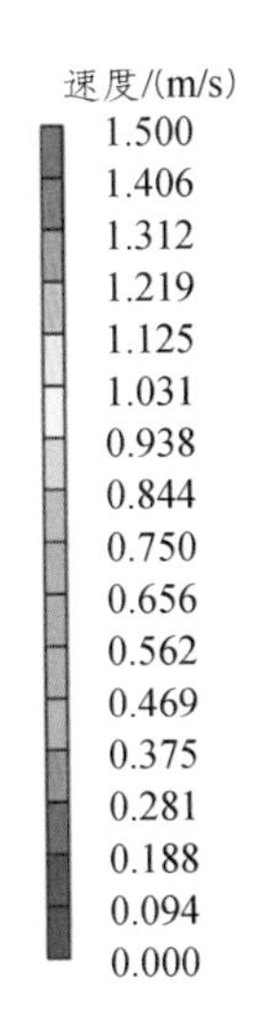

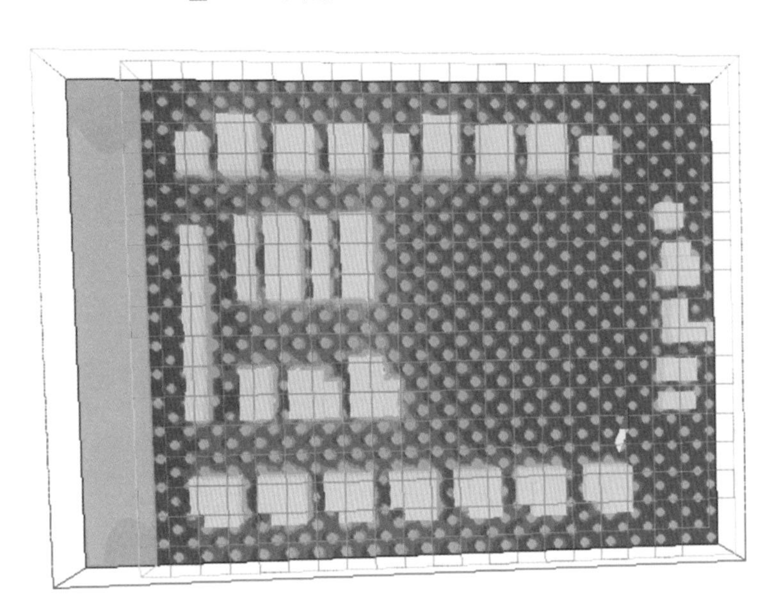

图 2-7 风速云图

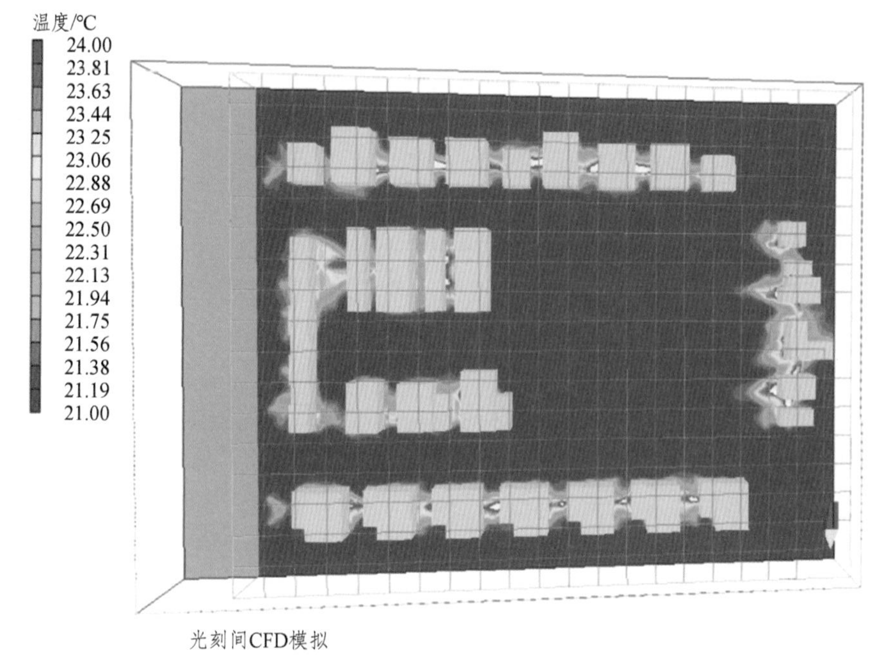

图 2-8　温度云图

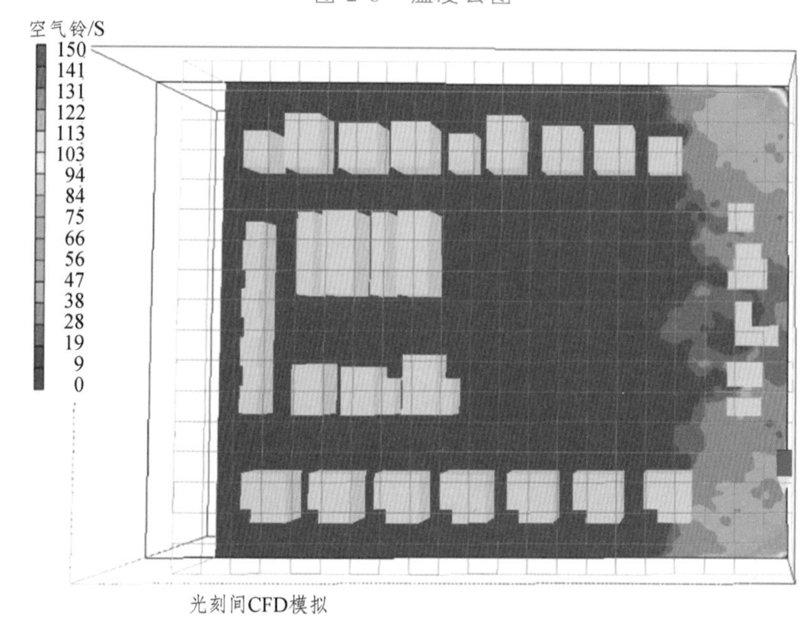

图 2-9　空气龄云图

③ 高大空间洁净室立体送风柱节能技术研究。

本课题的研究对象为四川某电子项目的生产厂房直拉炉区。模拟区域系

统原理如图 2-10 所示。送风进入立体送风柱，通过送风口进入室内，通过高架地板进入一层，由回风口进入回风夹道内，最后再送入空调机组内与新风混合。该区域的净化级别为十万级，一层吊顶高度为 5.5m，二层吊顶高度为 13m。室内设计温度为（25±2）℃，湿度为≤56%。该区域为乱流洁净室，净化空调系统为组合式空调机组 AHU+末端送风口，在 AHU 机组内对空气进行初、中、高效三级过滤，送回风方式为立柱四面立体送风，循环式空气处理机组（RCU）对送风进行局部显热降温处理后继续向下层区域送风，最终在下层区域的侧下回风，室内立柱设置喷射式送风口。模拟区域立柱设置喷射式送风口如图 2-11 所示。

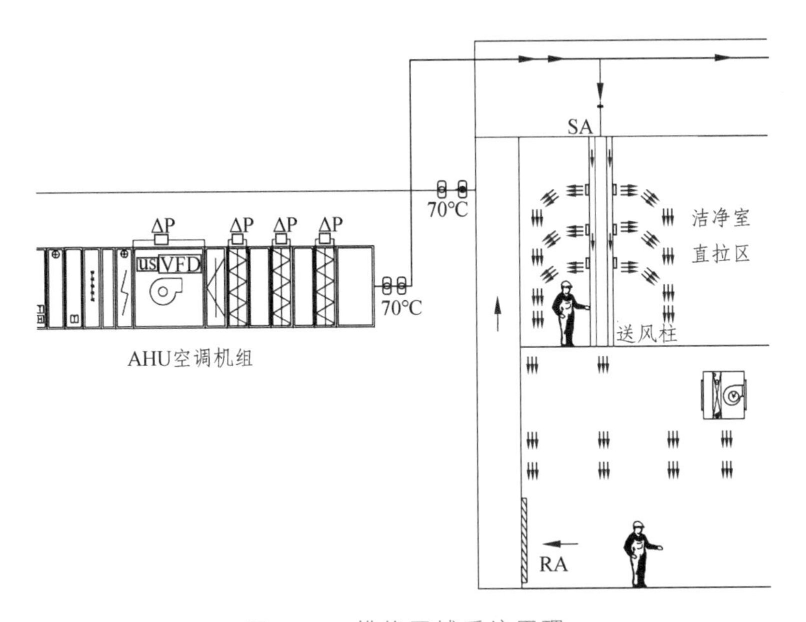

图 2-10　模拟区域系统原理

图 2-11　立柱送风口实物

2. 工程应用要点

（1）高大洁净厂房温湿度独立控制气流侧送+顶上送+侧下回气流组织形式

生箔车间 MAU+AHU 空调系统（图 2-12），MAU 控制生箔车间内的湿度，AHU 控制生箔车间的温度，洁净厂房温湿度独立控制。气流组织方式，顶送新风+侧墙垂直高度 6m 处送空调循环风+侧墙下回风（图 2-13）。

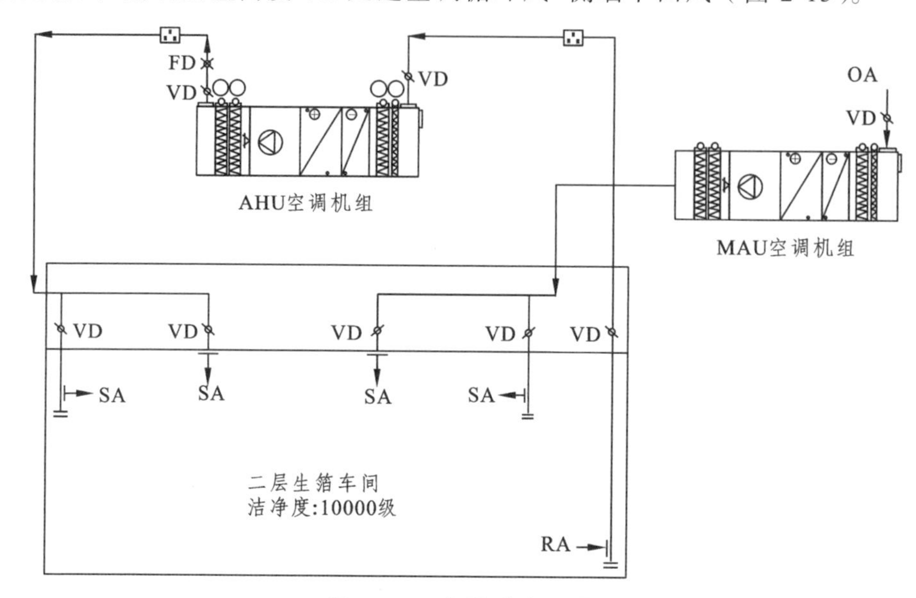

图 2-12　空调系统原理

图 2-13　现场风口布置

（2）高大空间洁净室温湿度、洁净度独立控制

系统包含 MAU（新风空调机组）、FFU（风机过滤机组）、DCC（干盘管）三个主要设备（图 2-14），可以实现高大空间洁净室内的温度、湿度、洁净度的分别控制，从而保证三要素的控制精度满足高等级洁净室的生产要求。

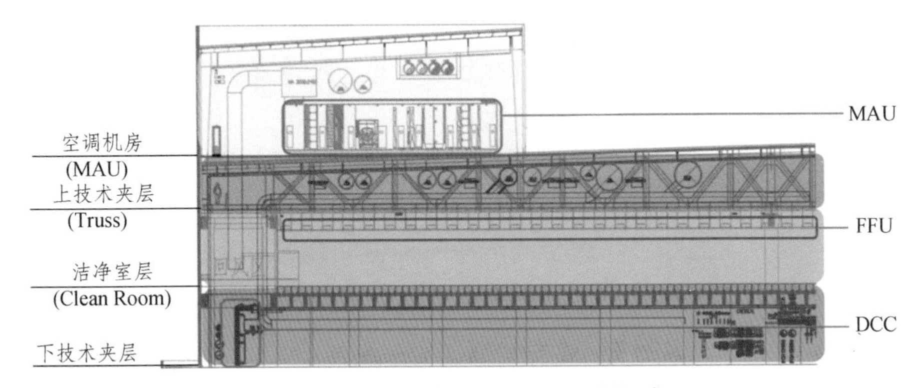

图 2-14　温湿度独立控制系统组成

其中，MAU 作为湿度控制的核心设备，由进风段、粗效过滤段、中效过滤段、预热段、预冷段、加湿段、再冷段、再热段、风机段、化学过滤段（预留）、中效过滤段、高效过滤段、出风段等组成（图 2-15）。MAU 通过处理室外新风为室内提供干燥空气或湿空气，保证室内的湿度一直满足洁净室要求，且为工作人员提供所需的新风。

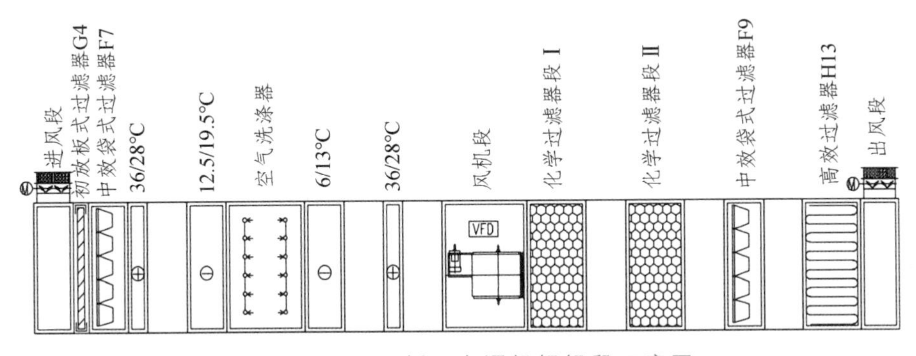

图 2-15　MAU 新风空调机组组段示意图

FFU 作为洁净度控制的核心设备，主要由风机和高效过滤器组成。FFU 的高效过滤器可以有效地控制洁净室内的洁净度，不同等级的洁净室需要配置相应过滤等级的 FFU。FFU 的风机可以保证洁净室内的循环风通过 DCC 后再送入室内。

DCC 作为温度的控制核心设备，当 FFU 控制的循环风经过 DCC 时，

DCC 可将洁净室回风处理至设计温度。通过改变某个区域 DCC 流量控制阀的开度来控制该区域内的温度。

除了三大设备外，高架地板的布置方式、开孔板的布置率和开孔率同样影响洁净室内各个区域的温度、湿度、洁净度。

技术路线：通过前期与业主的沟通，确定模拟的内容及预期的效果、初步确定模拟方案，搭建厂房实体模型并求解和分析仿真结果，判断该系统的应用优势，通过调整高架地板提出优化方案并反复仿真优化，在满足气流组织合理的前提下，达到最优化结果，最终确认该方案的先进性及节能效果。

（3）高大空间洁净室立体送风柱节能技术研究

分层空调技术是指在高大空间洁净厂房中仅对下部区域进行调节，而不进行全区域调节的空调技术。由于暖空气会自动上升，所以该技术仅适用于要求降温的高大空间洁净厂房，或者是在夏季使用。将高大空间洁净厂房在垂直方向上分为上下两层，分别采取不同的处理措施，在下部工作区域中采用空调系统再加局部净化设备，在上部单独采取分层空调，从而减少空调区域，降低能耗。根据统计，高大空间洁净厂房采用分层空调技术的能耗相比于全区域空调技术的能耗低近 30%，可见应用分层空调技术可以在满足使用要求的同时大幅减少能耗。

技术路线：本洁净厂房送风形式及楼层结构较为特殊，通过 CFD 气流模拟技术，模拟洁净厂房区域内的气流组织形式，调整风量大小以及风向、风口风速的大小，优化洁净室气流组织形式，减小涡流区域，保证洁净环境。最终基于 CFD 技术的可视化模拟，确定了最佳的空调系统方案。优化后，最终的总风量比设计值有了一定的减少，对整个系统起到了节能减排的效果。

3. 实际应用效果

（1）经济效益

关键技术研究一：高大空间洁净厂房温湿度独立控制顶送新风+侧送循环风+下回风气流方式节能研究，应用项目空调系统原设计总风量为 66.1 万 m^3/h；通过 CFD 技术进行优化后，风机处理风量可以降低到 52.0 万 m^3/h，减少了 14.1 万 m^3/h 的风机处理风量。降低风机处理风量后，每年节约费用约为 342 万元。

关键技术研究二：高大空间洁净室 MAU+DCC+FFU 温湿度、洁净度独立控制空调系统，基于 CFD 气流模拟技术通过调节高架地板布置及开孔率

实现系统节能，应用项目的空调系统原设计使用了 688 台 FFU，经过气流组织优化，在满足同等室内温湿度要求的前提下，可减少布置 140 台 FFU，每年节约费用约为 76 万元。

关键技术研究三：高大空间洁净室立体送风柱节能技术研究，应用项目空调系统原设计总风量约为 44.5 万 m^3/h；通过 CFD 技术进行优化后，系统总风量可以降低到 41.0 万 m^3/h，减少了 3.5 万 m^3/h 的风量，每年节约费用约为 86 万元。

（2）社会效益

本技术在高大空间洁净室节能技术方面创新，通过第三方科技成果评价，本技术达到国内领先水平，推动了高大空间洁净室气流组织领域科学技术的进步。本技术对高大空间洁净厂房区域内的气流组织形式进行模拟，通过调整总风量大小以及风向、风口风速的大小，优化洁净室气流组织形式，减小涡流区域等，保证洁净环境的安全稳定，提高产品良率，降低系统能耗、运行能耗和后期维护成本。

（3）环境效益

目前国家正在大力推行双碳政策，各个企业越来越重视节能减排的工作，由于空调系统的能耗是建筑能耗中占比较高的一项，高大空间洁净厂房空调系统能耗大是一直都存在的问题；在当前工业生产规模大型化、机械化的趋势下，必须对高大空间洁净厂房的节能问题进行研究。CFD 技术研究高大空间洁净室气流组织在市场应用前景非常广泛，是一项非常有价值的研究技术，对落实国家“双碳”目标具有重要的指导意义。

课题研究单位：中国电子系统工程第三建设有限公司

2.1.3　高科技工程数字化建造管道预制化技术

1. 概　况

随着高科技工程行业的不断发展，行业产线的建设工期、成本、质量要求不断提高，模块化预制化及数字化建造技术运用到高科技工程行业的形势越来越迫切。如何将技术运用到高科技工程行业的建造中，也是重点关注的问题。经过对高科技工程行业的建设调研，管道预制化是极佳的突破口。高科技工程数字化建造管道预制化技术的研究和应用，以及项目的数字化管理模式为高科技工程建设的高成本和工期紧张提供了解决方案。数字化预制生产总览如图 2-16 所示。

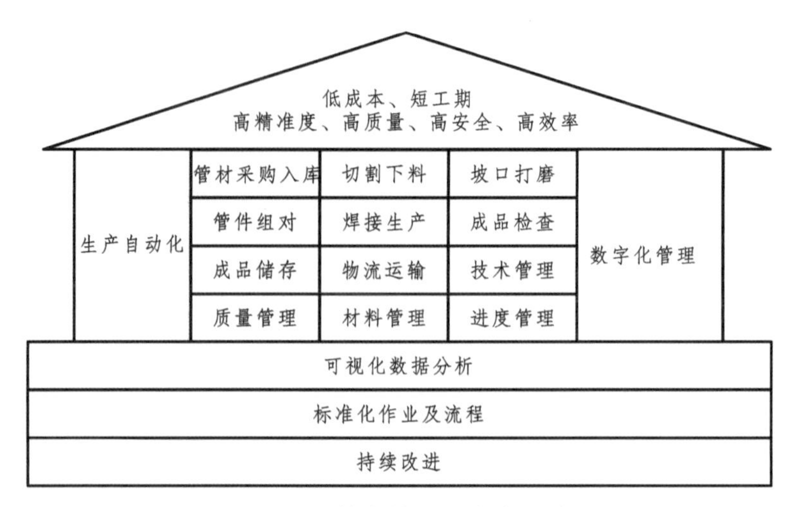

图 2-16　数字化预制生产总览

本技术是高科技工程机电安装领域数字化建造的一次重大尝试与研究，数字化建造管道工厂预制化技术为高科技工程领域的施工质量、效率提升又提供了新的途径。

（1）技术亮点及创新性

① 模块化预制应用多元化，高效匹配项目需求。

实现分析不同工程的特征，提高管道设计工作的最优化设置，选择对应有效预制生产工艺；根据工程的整体情况，规划模块化生产计划，选择并使用合适的加工设备规格型号，保证预制件模块化生产的顺利进行，如图 2-17 所示。

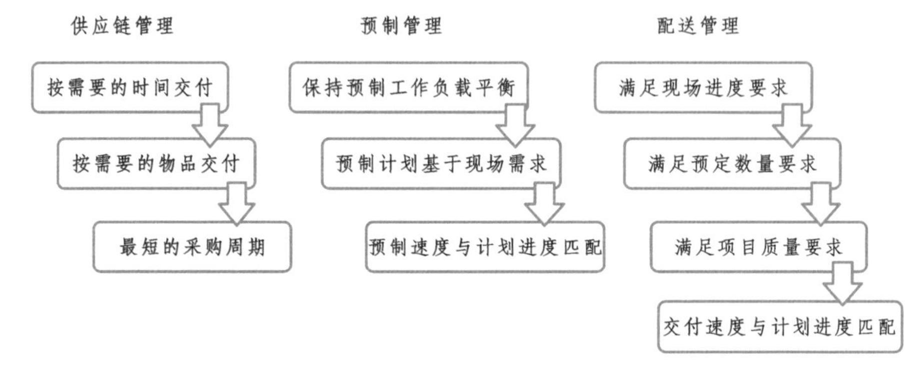

图 2-17　预制化生产智能匹配

② 模块化预制自动化生产及数据分析。

自动进行材料配料管理、材料可追踪性管理，即自动按单线图或管段图进行配料；对已到料齐全、达到预制条件的单线图或管段作出特殊标识，自

动打印出领料单，自动解析图纸；基于材料数据库，生成生产任务数据，线图自动拆分为管段信息、材料数据、自动生成焊口数据，无缝传递至生产模块，模拟数字化看板如图 2-18 所示。

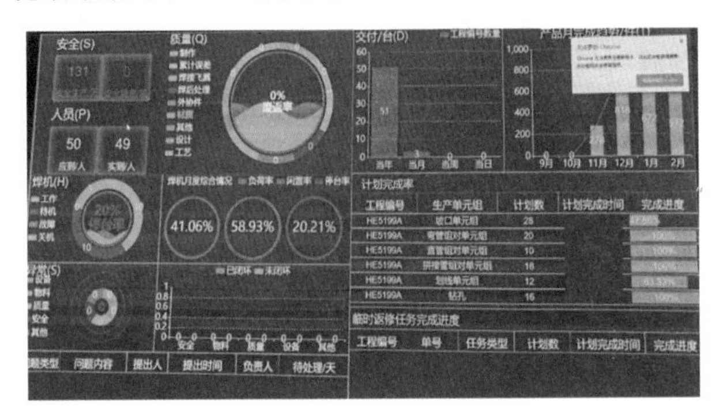

图 2-18　模拟数字化看板

③ 全过程模块化预制数字化管理。

基于模块化预制产线厂家管理系统（MES）设备数字管理软件，利用二维码技术，建立数字化管理平台，实现对模块化预制建筑生产全过程的实时监控和管理，自动采集设备运行过程中的运行参数、人员作业数据、设备使用率、人员 GPS 定位等信息，以达到实现设备和人员的有效管理；采集设备的实时运行数据，并通过大数据分析、应用解决焊接管理问题，为产线平台提供数据支持；提升生产管理水平、提高设备管理意识，减少设备资源浪费，并及时补充施工高峰期焊接设备数量，确保设备运行状态；加强设备维修管理，控制设备闲置率，推动管道装备在智能化、数字化、网络化等方面的整体管理水平与技术的进步，如图 2-19、图 2-20 所示。

图 2-19　数字化管理平台

图 2-20 二维码技术运用

（2）适用范围

本技术可应用于所有行业的管道安装工程中，特别是管段预制、阀组段预制、设备对接段预制。此技术必须根据建筑信息模型（Building Information Modeling，BIM）配合施工图到现场测量实际施工环境后出具准确的预制加工图（含准确尺寸、方向等信息）。在管道系统模块化预制中，传统手工焊接工艺会进一步优化，数控全自动焊接技术将不断涌现和发展。由于其施工便捷、质量可靠、整体性好、成本更低，解决了传统管道现场施工的痛点，更适合建筑机电行业建设对工期、质量的要求，将会得到大力推广和发展。通过对关键预制指标的突破以及相关设备产品的引进，可在电子工程、生物医药、新能源、数据中心等项目工程领域积极推广。

（3）项目实际应用

自 2020 年起，在徐州某产业园项目首期机电安装工程、扬杰某封装测试项目净化厂房装修及配套工程、江苏某动力电池项目二期标准厂房配套机电安装工程分别使用了模块化管道预制技术，涉及管道系统种类多，有消火栓与喷淋系统、气体灭火系统、虹吸雨水系统、饮用水系统、生产给水系统、污废水系统、雨水回收系统、热水系统、冷冻水系统、冷却水系统、压缩空气系统、氮气系统、蒸汽系统等。以上系统使用管道材质主要为 Q235 热浸镀锌钢管、20#碳素钢管、304 或 316 不锈钢管；管道壁厚范围 2~10mm，各类管道总长度超过 100 万 m。针对项目上碳钢材质的阀组，采用了标准预制厂房模式，根据管道材质、管道规格、预制生产量，选择了工艺配套的管道深度预制成套设备，建立了一条预制化生产线；针对碳钢、不锈钢管道材质，该生产线使用了熔化极气体保护焊（MIG）、钨极气体保护焊（MAG）和焊条电弧焊，工艺流程如图 2-21 所示。

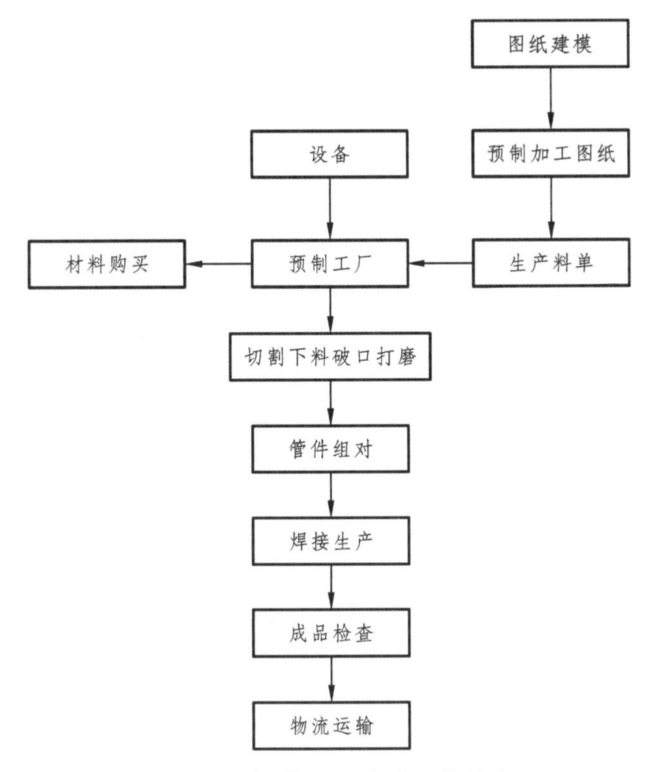

图 2-21 江苏项目生产工艺流程

其预制生产流程及部分预制成品如图 2-22、图 2-23 所示：

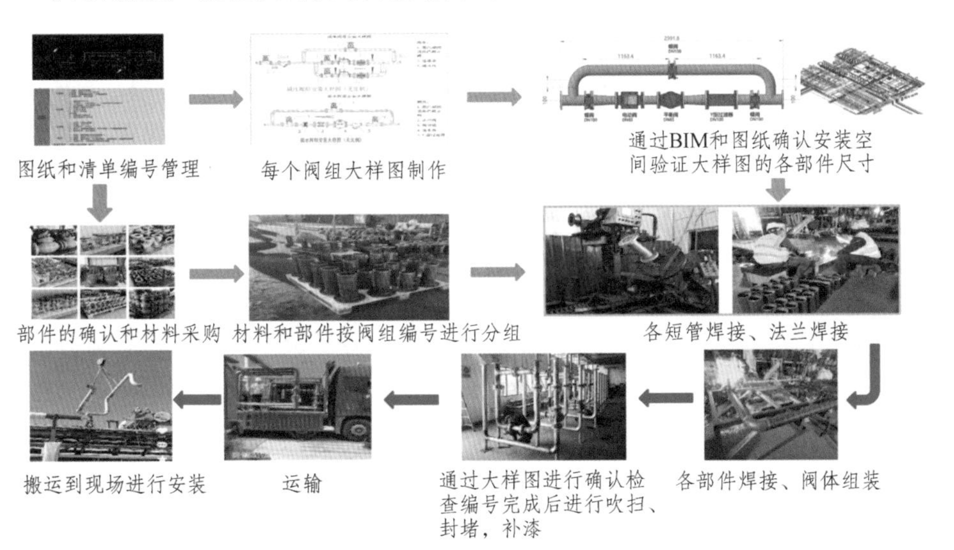

图 2-22 江苏项目工厂预制生产流程

① 规划、修建加工厂房；
② 深化设计：施工图纸深化、现场测量、模型建立、预制加工出图；
③ 材料供应：原材料采购、验收、标识；
④ 预制加工：标识、下料切割、坡口打磨、组对焊接、质量检验；
⑤ 运输配送。

图 2-23　部分预制成品

管道预制采取模块化施工方法，不受场地、土建和设备条件的限制，实现了异地同时管道预制、土建同步施工，可缩短施工总工期 10%。

2. 工程应用要点

通过标准化设计，结合设备管理系统及数字管理平台，实现预制作业全过程的信息化管理。不仅对产品原材料供应管理，还对预制过程数量庞大的管件、焊缝和管段等进行有效管理，使管道预制过程的技术管理、质量管理、材料管理、探伤管理、进度管理等的信息化成为可能；并将管理深度深入到每条管线、每个管段、每道焊缝，采用了 MES 覆盖高科技工程预制产品的设计、生产、安装等全周期，建立与数字化制造相适应的物料传输系统，在原材料采购、预制生产、成品仓储、交付及质量服务全过程中提高物料数字化追溯管理水平。

对于不同的工程项目其所具有的特征也不尽相同。作为施工人员在开展工作过程中应针对不同工程的安装特征进行有效分析，寻求有效的管道安装方式，根据工程的整体情况，进行模块化生产，选择并使用合适的加工设备规格型号，保证预制件模块化生产的顺利进行。另外还应权衡配送方式的便捷与经济化，提高管道设计工作的最优化设置。

工厂化预制生产流程主要为：材料准备、预制计划、预制生产、成品检查及储存和物流运输，其工序规划如图 2-24 所示。

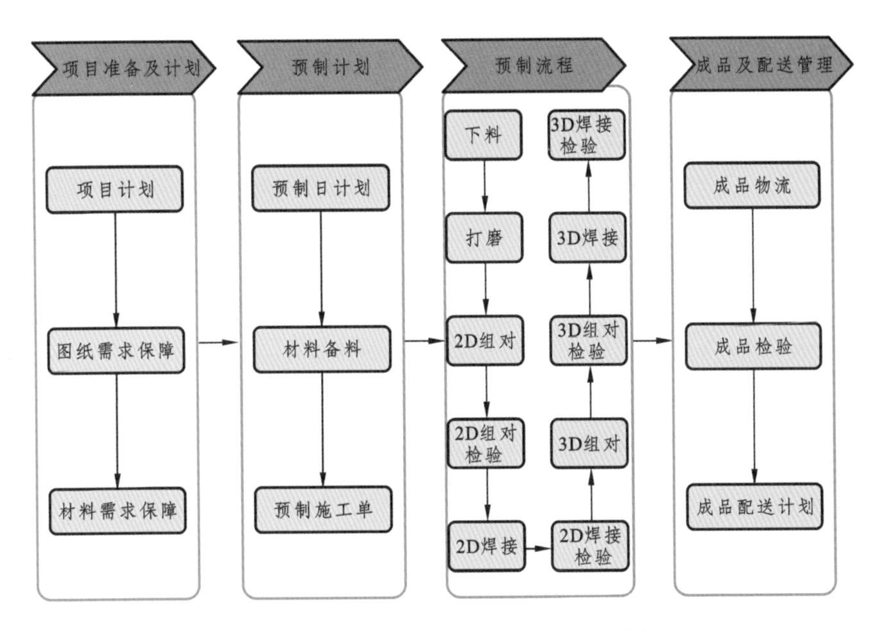

图 2-24　模块化预制生产工序规划

3. 实际应用效果

（1）经济效益能力提升

按照江苏某动力电池项目二期标准厂房配套机电安装工程管道预制工厂完成管道焊接量来算，除第一年由于自建预制工厂需额外投入设备造成成本略高外，从第二年起，管道预制每一寸径焊接成本对比外包代工每寸径单价 40 元的价格可降低 9.4 元，缩减比例达 23%。2022 年江苏某动力电池项目二期标准厂房配套机电安装工程，完成预制焊接量 12 万寸径，合计缩减项目成本 112.8 万元。从长远来看，建立模块化预制全过程的数字化管理体系，利于降低高科技工程项目的实施成本，促进经济效益的持续稳定，项目效益见表 2-1。

表 2-1　工期效益

项目名称	预制管道/m	预制焊接量/寸	预制阀件/套	缩短焊接工期/d
江苏某动力电池项目	5200	120000	462	88
苏州某洁净室装修项目	0	50000	262	30
湖州某洁净厂房工程	2000	80000	305	40
徐州某医药项目	2000	60000	222	50
扬杰某净化厂房工程	2500	80000	284	45

材料、管件、耗材集中管理，减少了材料的浪费和丢失，有利于降低成本，可实现预制资源的共享，同时进行多个项目的加工预制，集中生产管理，减少现场临时设施建设费用，提高了机械设备利用率。以江苏某动力电池项目二期标准厂房配套机电安装工程为例，在该项目上建立的一条管道模块化预制生产线，现场同时与人工焊接进行比较，项目上通过抽取了两批同数量同规格不同制作工艺的预制产品，并由第三方对其产品质量进行检测，模块化数字化预制相较于传统人工预制，本批产出的产品，外形缺陷数量降低了96%，未检出夹渣类缺陷，整体缺陷数量降低了约97%，经检测，所检指标符合相关标准要求，大大提高了项目数字化交付能力。缺陷减少情况如图 2-25 所示。

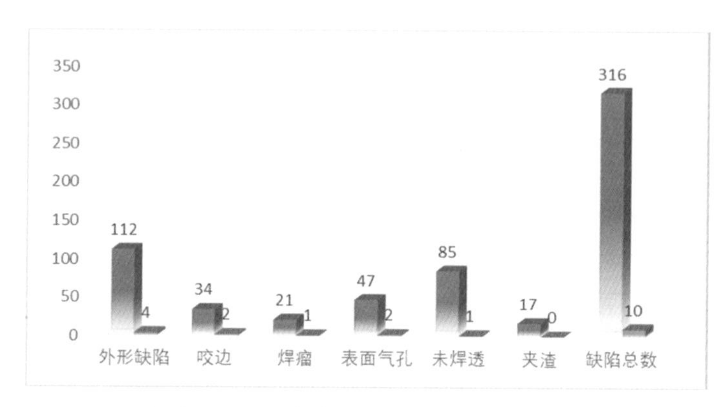

（a）不同工艺缺陷数量（单位：个）

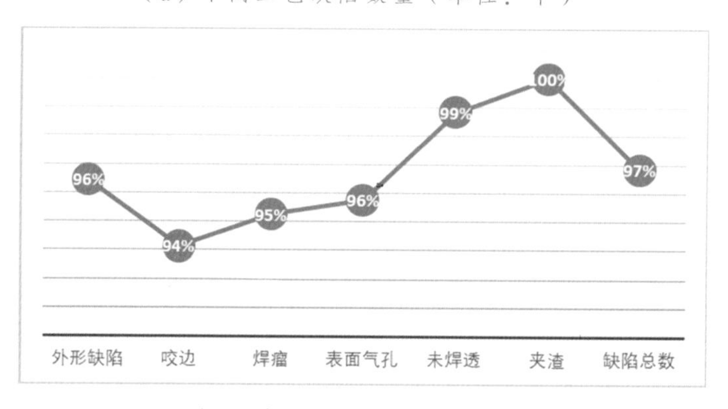

（b）减少比例（单位：%）

图 2-25　不同工艺缺陷数量及减少比例

（2）科技创新能力展示

自 2020 年针对高科技工程管道系统进行模块化预制工作以来，经过两

年多的实践。现已有 19 项实用新型专利获得授权，5 件发明专利进入实质审查阶段，1 项发明专利进入发明公布阶段；发表高水平论文 7 篇，获得软件著作权授权 1 项，申报省级工法 1 项，部分科研成果见表 2-2。该项工法经河南省中研汇智科技成果评价中心评价通过，达到国际先进水平。预制化技术荣获首届工程建设企业科技创新管理成果二等奖（图 2-26）、中国电子 2022 年企业创新管理成果二等奖、上海市安装行业科技创新二等奖。项目利用数字化生产技术，加快高科技工程领域数字化建造，响应《数字中国建设整体布局规划》，提高技术创新，强化数字中国关键能力。数字化建造降低工厂作业危险系数，保障施工人员安全，提高职业卫生监控。

表 2-2　部分科研成果

序号	名　称	类型
1	一种工厂管道预制化组装用焊接设备	实用新型专利
2	一种辅助管道焊接的对口装置	实用新型专利
3	一种高大空间洁净厂房消防喷淋预制化装置	实用新型专利
4	数字化建造预制装配管理系统 V1.0	计算机软件著作权

图 2-26　获奖证书

（3）社会环境绿色保护

数字化建造管道工厂预制化技术将现场分散的焊接工作转移至工厂集中有序规划作业，工厂作业危险系数大大降低，保证了施工人员的生命财产安全，且工厂提供完善的卫生防护措施，减少焊接废气给施工人员带来的危害，大大提高职业卫生监控。数字化制造及管理，精准高效的数字化加工手段，后期严格的质量把控，提高了加工制造质量及效率。

传统的管道施工方案产生的有毒有害废气较为分散，无法实现有效的防护及处理，造成环境污染。数字化建造管道工厂预制化技术将难以处理的有毒有害气体进行防护和集中处理，为施工人员提供防护面罩，产生的有毒有害气体采用中效风机处理后进行排放，大大减少了环境的污染。

传统技术产生的废料难以再利用，无法实现资源的循环使用。数字化建造管道工厂预制化技术通过数字化手段分析，有效减少了废料的产生，相较于传统技术废料减少约 40%，且废料可以进行集中掌控，便于资源的再利用，大大减少了资源浪费和资源生产过程中对环境的污染。持续推动行业绿色、低碳、科技化发展。

课题研究单位：中国电子系统工程第三建设有限公司

2.1.4 零能耗自清洁光子辐射制冷涂层创新技术

1. 概　况

（1）技术亮点及创新性

建筑能耗约占全球总能耗的 35%至 40%，全球 CO_2 排放量的 1/3，其中最主要的部分为建筑空调制冷能耗。被动辐射制冷技术，通过反射作用降低建筑对太阳光的热吸收，同时通过增加热辐射作用将热量以红外辐射方式排放到外太空去，无须消耗电力便可以实现表面温度低于环境气温的制冷效果。用于建筑时，可以大幅节约空调制冷能耗，从而降低建筑全寿命周期的碳排放。

传统的被动辐射制冷材料多利用银的镜面反射来实现，具有三个技术瓶颈：原材料及制造工艺成本高昂、光污染和炫目问题、难以施工及维护，大大限制了被动辐射制冷技术的大规模应用。此外，材料表面容易受到灰尘、霉菌和油性污染物的影响，导致反射率降低，失去制冷性能。

研究团队针对建筑的节能需求，开发了可以大规模使用的水性制冷涂料技术，并形成市场化产品—零能耗自清洁辐射制冷涂层系列产品（以下简称“制冷涂层”）。主要包含三类领先的全自主产权技术：

① 光子辐射制冷技术。

创新性在于：第一，采用颗粒漫反射方式取代此前市场竞品采用的镀银膜金属镜面反射方式，将产品定型为水分散性涂料体系；第二，通过材料筛选、结构设计、配方优化、成型工艺探索获取最佳的多层散射结构，光学性能已接近材料理论极限。该技术解决了此前被动辐射制冷材料普遍存在的成本、环保、施工及应用性能等痛点问题。该辐射制冷涂层的反射/发射率光谱如图 2-27 所示。

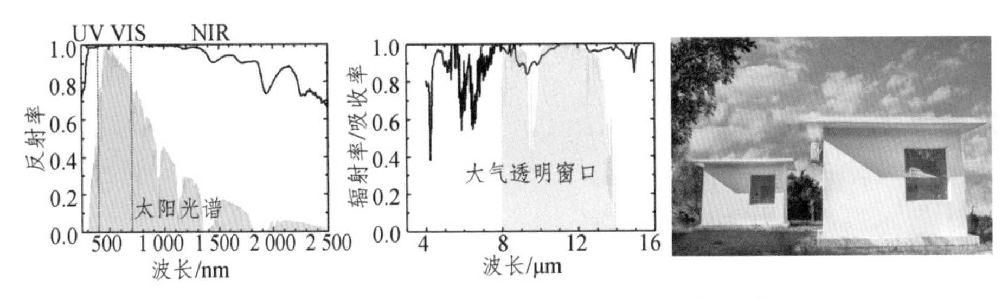

图 2-27　辐射制冷涂层的反射/发射率光谱

② 超双疏自清洁表面技术。

创新性在于：第一，低表面能粉体在基材表面自发渗透、嵌入、堆叠，形成微纳米复合结构；第二，与水性辐射制冷涂层结合后，进一步解决辐射制冷材料实际应用中难以长期保持制冷效果的瓶颈问题。自清洁罩面涂层的微观结构及应用效果如图 2-28 所示。

图 2-28　自清洁罩面涂层的微观结构及应用效果

③ 彩色辐射制冷技术。

创新性在于：采用独特的显色方法和“表面显色+背向散射”的双层结构设计，可以在保证高太阳光反射率前提下构筑彩色表面，兼顾被动辐射制冷与应用美学需求。目前，已拓展开发的彩色被动辐射制冷（强降温）涂层产品种类接近 40 种，部分彩色制冷涂层产品色卡如图 2-29 所示。

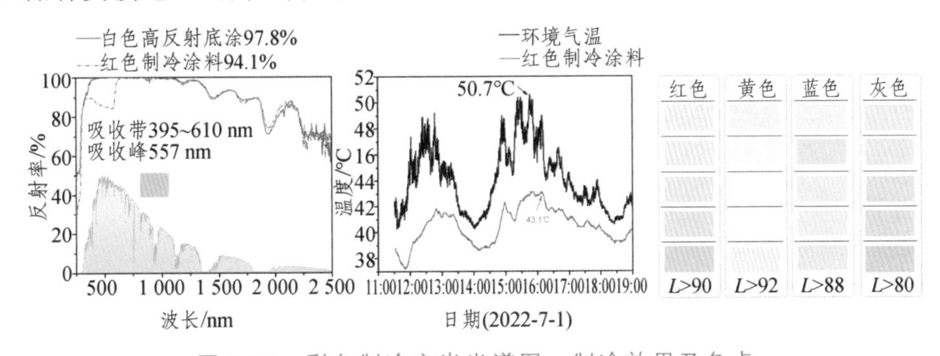

图 2-29　彩色制冷突出光谱图、制冷效果及色卡

核心技术指标为：

· 太阳反射率：最高可达 99%；

· 总体红外辐射率：95.2%；

· 大气窗口选择性红外辐射率：99.1%；

· 与水接触角：不小于 150°。

其他性能与传统的商用太阳热反射隔热涂料的对比结果见表 2-3，由此可见制冷涂料产品的各项耐候性能均远超《合成树脂乳液外墙涂料》GB/T 9755—2014 中对涂料优等品的要求。

表 2-3　辐射制冷涂料与传统隔热涂料性能对比

对比项目	检测方法	对比结果			备注
		国标要求指标	超双疏自洁制冷涂料	某传统太阳热反射降温涂料	
耐碱性（饱和氢氧化钙）	GB/T 9265—2009	48h	>1000h	300h	外墙涂料要求
耐盐雾性	GB/T 1771—2007	48h	600h 未起泡	—	防腐涂料要求
耐人工气候老化性	GB/T 1865—2009 循环 A	变色 0 级	1 000h 无变化	600h 无变化	外墙涂料要求
太阳光反射比	ASTM C 1549-16	≥0.85	0.97	0.86	太阳热反射涂料要求
半球发射率	GB/T 25261—2018	≥0.8	0.92	0.82	
沾污后太阳光反射比	ASTM C 1549-16	—	0.96	0.67	
耐沾污性	GB/T 9780—2013 中 5.4.1.2	—	1%	22%	
太阳光反射比（人工气候老化 600h 后）	ASTM C 1549-16		0.96	0.71	
降温效果	在铝板表面		低于气温 5°C	高于气温 4°C	自测
	在混凝土模型房表面		低于气温 12C	高于气温 1°C	
接触角	GB/T 23764—2009 中 11.2.1	—	150°（超疏水）	—	自清洁涂料要求
接触角（人工气候老化 600h 后）	GB/T 23764—2009 中 11.2.1	—	142°	—	
燃烧性能	GB 8624—2012	—	难燃 B1（B-s1, d0,t0）	难燃 B1	建筑材料要求

（2）适用范围

该技术适用于对温度有要求的高能耗场景，目前已广泛应用于不同基材建筑物、移动通信基站、粮仓、数据中心、电力设施、冷库、油气及化学品储罐等，取得了极为明显的制冷、节电和节约喷淋用水的效果，提高存储安全性，对实现“碳达峰”和“碳中和”双碳可持续发展起到良好的推动作用。

（3）项目应用实景图（图 2-30）

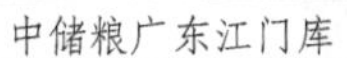

中储粮广东江门库

中国石油宁夏石化公司液氨储罐

西藏拉萨宁算数据中心

中国电信四川成都一体化基站

武汉天河国际机场电力柜

中国航油西南公司储油罐

图 2-30　制冷涂层在不同地区、不同项目的应用实景

2. 工程应用要点

制冷涂层为双层复合结构，如图 2-31 所示：

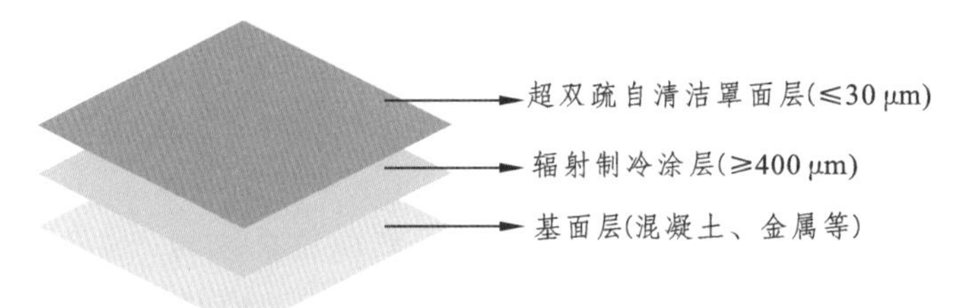

图 2-31　零能耗自清洁辐射制冷涂层结构

下层为被动辐射制冷层，采用高压无气喷涂、有气喷涂或滚涂的方式进行施工，施工工艺 2~3 遍，涂层干膜厚度控制在 400μm 左右；待制冷涂层干燥后，采用喷壶或无气喷涂涂敷自清洁罩面涂层，涂层厚度控制在 30~50μm。

3. 实际应用效果

产品适用于通信、电力、粮油、石化、建筑等众多高制冷能耗应用场景，可显著降低制冷能耗（不同场景下可节约空调耗电量 20%~80%）。目前，产品已在全国 17 个省（自治区、直辖市）的百余个项目开展应用（部分应用项目如图 2-32 所示），在各个气候区域均有良好表现。

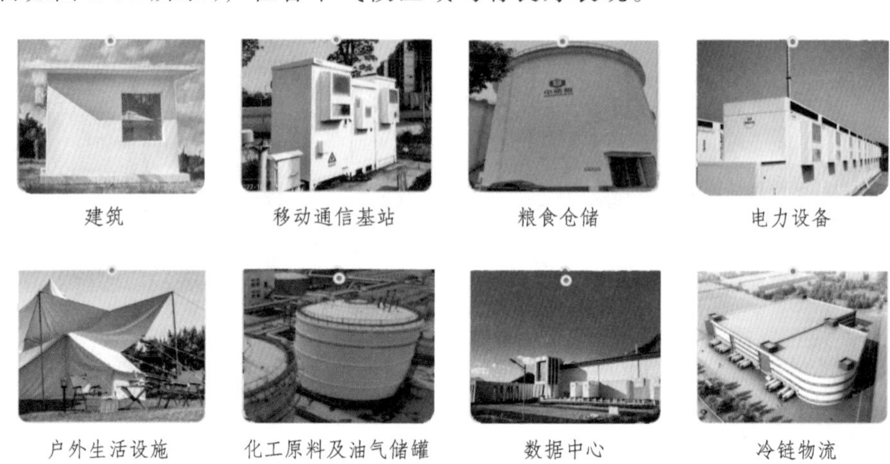

图 2-32 零能耗自清洁辐射制冷涂层系列产品应用概览

截至 2024 年 4 月，系列产品履约应用面积约 19 万 m^2。在上述应用中，每年可节约空调制冷用电量逾 356 万 kW·h，折合节约标煤约 110.3t；减排 CO_2 约 2030t，取得显著的节能减碳效果。

课题研究单位：中国建筑西南设计研究院有限公司

2.1.5 环保复合型抑尘剂技术

1. 概　况

（1）技术亮点及创新性

① 复合原料的协同效应：该技术利用多种复合原料，如黏结剂、保水剂和表面活性剂等，进行配方研制。这些原料之间具有协同效应，相互配合，增强了抑尘剂的效果和性能稳定性。通过合理选择和配比不同的原料，该抑尘剂能够同时具备黏结、保水和降尘的功能，进一步提高抑尘效果。

② 环保性能的改进：这项技术注重改进抑尘剂的环保性能，采用环保原料和低毒、无害的成分。该抑尘剂在抑尘过程中减少对环境和人体的负面

影响，并降低空气中的粉尘浓度。此外，该技术还强调对水资源的保护和对土壤的友好性。这种环保性能的改进使得抑尘剂更加可持续和环保。

③ 创新的应用领域拓展：该技术不仅适用于建筑施工现场的抑尘，还可以广泛应用于其他领域，如采矿、港口码头、道路施工等。通过不同领域的应用，进一步展示了该抑尘剂技术的多功能性和适应性，为抑尘行业带来创新思路和解决方案。

④ 系统化的解决方案：该技术提供了一套完整的抑尘解决方案，包括抑尘剂的研发、生产、应用等环节。通过整合各个环节，提供系统化的解决方案，可以更好地满足客户需求，提高抑尘效果和施工效率。

该工艺技术研发流程图如图 2-33 所示：

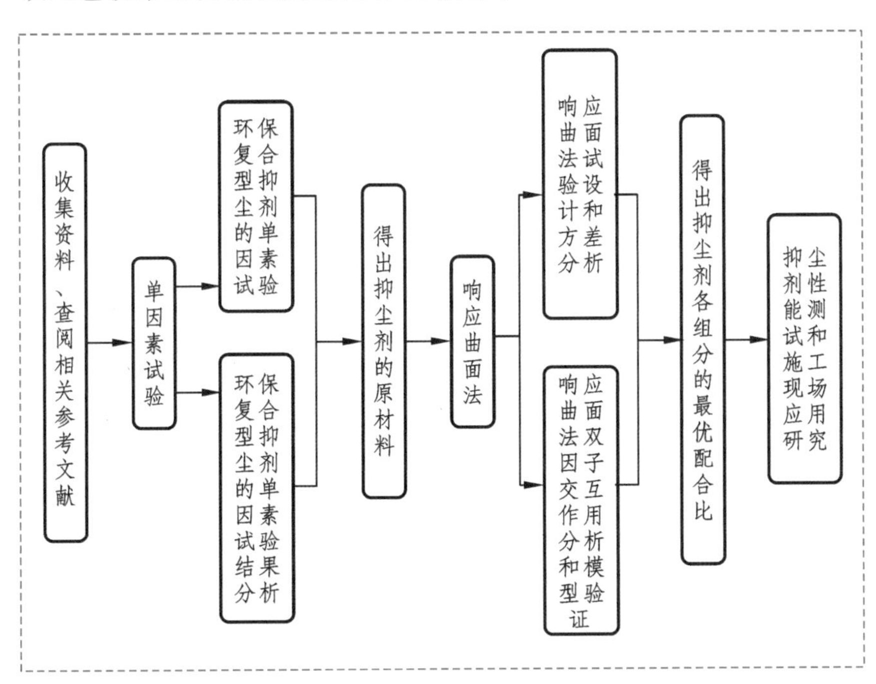

图 2-33 技术研发流程

综上所述，该环保复合型抑尘剂技术的亮点和创新性主要表现在复合原料的协同效应、环保性能的改进、应用领域的拓展和提供系统化的解决方案。这些创新点使得该技术在抑尘剂领域具备了显著的竞争优势和市场价值。此外，我们基于试验结果和模拟分析，受理或授权专利 3 项、申请软著 1 项、发表学术论文 2 篇（其中 SCI 中国科学院Ⅲ区 1 篇），科研成

果见表 2-4。

表 2-4　科研成果

序号	名　称	类　型
1	一种用剂量大且高环保性的新型抑尘剂及其使用方法	发明专利
2	一种环保复合型抑尘剂及其使用方法	发明专利
3	一种用于开放空间的复合型抑尘剂及其使用方法	发明专利
4	粗骨料厂房碎石过程中粉尘实时监测系统 V1.0	计算机软件著作权
5	某粗骨料厂房碎石颗粒物扩散模拟分析	学术论文
6	Optimal Preparation and Performance Study of Eco-FriendlyComposite Chemical Dust Suppressants: A Case Study in a Construction Site in Chengdu	学术论文

（2）适用范围

复合抑尘剂综合了各种单一抑尘性能试剂的优点于一身，适用范围也相应地扩大，拥有了很多新的应用场景，如图 2-34 所示。

建筑领域

工业生产领域

交通运输领域

农业领域

图 2-34　抑尘剂的应用场景

① 建筑工地：这种抑尘剂可用于建筑工地、道路施工等现场，减少施工

过程中产生的粉尘污染。它可以减轻空气中的悬浮颗粒物，保护施工人员的健康，并减少对周围环境的影响。

② 煤矿和矿山：煤矿和矿山作业会产生大量的粉尘，对作业人员的健康构成威胁，同时也可能对周围环境造成污染。这种环保抑尘剂可用于降低煤矿和矿山产生的粉尘，改善工作环境，并减少对空气质量和生态系统的影响。

③ 公路和铁路交通：公路和铁路交通中的车辆行驶会产生大量的尘埃和颗粒物。这种抑尘剂可用于道路和铁路交通的抑尘和降尘处理，减少空气中的粉尘浓度，提高行驶安全性，并减少对环境的不良影响。

④ 渣场和垃圾处理场：渣场、垃圾填埋场和垃圾处理设施也常常产生大量的粉尘。使用这种抑尘剂可以有效控制粉尘，防止污染扩散，改善周围环境的空气质量，并减少异味的散发。

⑤ 工业生产和加工：许多工业生产过程中都会伴随着粉尘的产生，例如钢铁、化工、水泥等行业。这种抑尘剂可以用于工业生产和加工环节，减少粉尘的扬尘和飘散，提高车间内空气质量，保护作业人员的健康，同时也减少对周围环境的污染。

（3）项目应用实景图（图2-35、图2-36）

图2-35　现场喷洒

图2-36　喷洒前后对比

2. 工程应用要点

（1）施工及安装要点

① 单因素试验。

利用单因素试验对几种抑尘效果优良的黏结剂、保水剂和表面活性剂进行筛选，并以黏度、保水率、表面张力作为筛选指标，探索各助剂性能的稳定性以及最佳浓度范围。试验的具体步骤如下：

A. 黏结剂的优选：选用羟乙基纤维素、聚丙烯酸钠两种黏结性能良好的化学试剂，通过黏度值测定试验和温度敏感性试验优选出该复合抑尘剂的黏结剂，试验结果和测试情况见图 2-37。

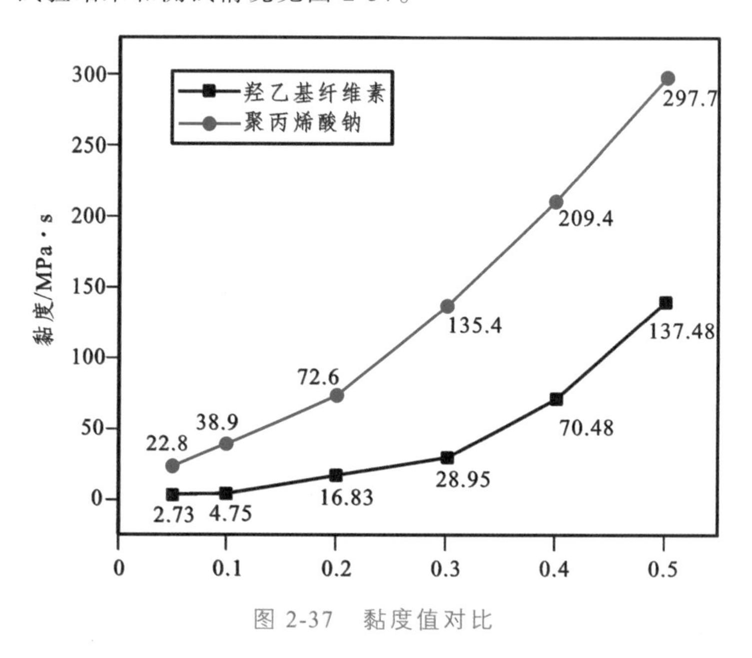

图 2-37　黏度值对比

B. 保水剂的优选：在四川省成都市西华大学施工空地按蛇形采样法进行采样，并将采集的土样放入鼓风干燥箱中，在 105℃条件下干燥 8h，随后将烘干处理后的土样过 100 目标准分样筛，最后称取 30g 筛分后的土样于 55mm×35mm 的铝盒中，如图 2-38 所示。

配制不同浓度梯度的丙三醇、三乙醇胺溶液，并设置一组清水对照试验，按 15mL 的喷洒量，将配置好的保水剂溶液喷洒于装有土样的铝盒中，将喷洒保水剂后的铝盒放置于室温条件下自然蒸发，通过保水率的比较优选出该复合抑尘剂的保水剂，具体试验情况如图 2-39 所示。

图 2-38　烘干后的土样

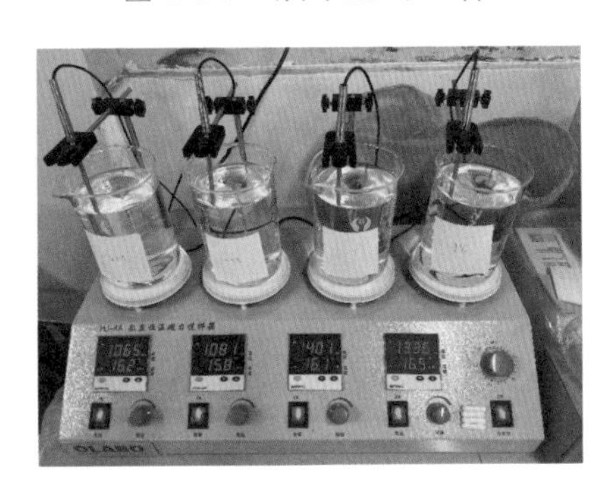

图 2-39　配置不同浓度的保水剂溶液

如表 2-5 和表 2-6 所示，在室温条件下，144h 后丙三醇保水率仍有 12.83%，三乙醇胺保水率下降至 9.1%，而清水对照组保水率只有 2.37%，因此选用丙三醇溶液作为该复合抑尘剂的保水剂。

表 2-5　丙三醇溶液保水率测定

时间/h	水	0.01%	0.05%	0.10%	0.50%	1%	3%
0	100.00	100.00	100.00	100.00	100.00	100.00	100.00
24	86.41	87.41	87.76	88.39	88.31	88.04	87.62
48	71.74	73.16	73.74	75.21	75.06	74.47	72.99
72	55.92	58.91	59.99	61.32	61.18	60.50	58.09
96	32.59	38.24	40.08	40.83	40.83	40.21	38.56
120	10.01	16.43	19.71	20.09	19.70	19.91	20.44
144	2.37	5.63	9.13	9.78	9.82	10.60	12.83

表 2-6　三乙醇胺溶液保水率测定

时间/h	水	0.01%	0.05%	0.10%	0.50%	1%	3%
0	100.00	100.00	100.00	100.00	100.00	100.00	100.00
24	86.41	87.62	87.45	87.78	87.04	87.60	86.38
48	71.74	74.03	73.16	73.60	72.14	72.76	70.67
72	55.92	59.59	58.80	58.81	57.29	57.84	54.69
96	32.59	38.42	38.23	37.54	35.87	36.48	33.99
120	10.01	16.44	17.01	15.46	14.00	15.82	16.25
144	2.37	5.79	6.92	5.47	4.75	6.97	9.10

C. 表面活性剂的优选：选用十二烷基硫酸钠、十二烷基苯磺酸钠以及异构十三醇聚氧乙烯醚三种市面上常用的表面活性剂，采用全自动表面张力测定仪对不同浓度梯度的表面活性剂溶液的表面张力进行测定，表面张力值越小，表示溶液亲水性更好，润湿性能也更好，通过对比测试出来的表面张力值，选择表面张力值最小的异构十三醇聚氧乙烯醚作为该复合抑尘剂的表面活性剂。试验测试结果如图 2-40 所示。

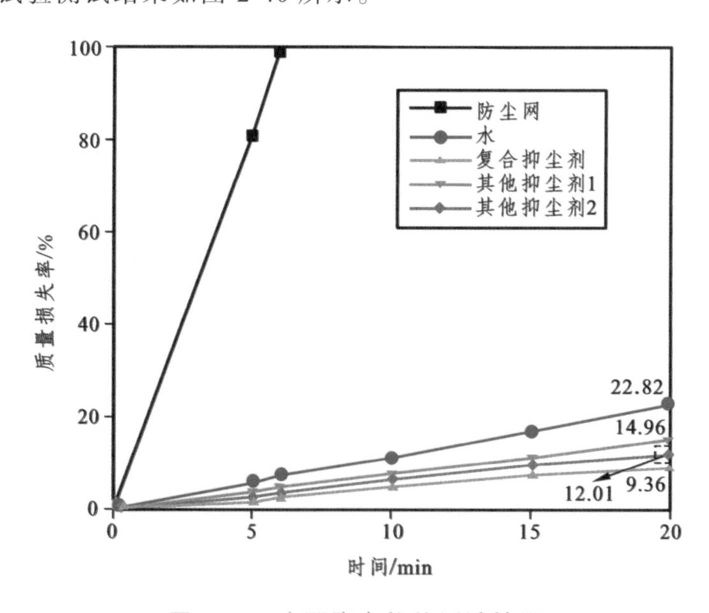

图 2-40　表面张力值的测试结果

② 响应曲面法优化。

以单因素试验筛选出来的黏度剂、保水剂和表面活性剂作为自变量，以黏度、抗蒸发性、渗透速度作为响应值，通过采用多元二次回归方程来拟合自变量与响应值之间的函数关系，经过方差分析，验证响应模型的准确性，结合回归方程分析各因子之间的交互作用以及对响应值的影响程度，最终取得抑尘剂各助剂浓度的最优质取值：羟乙基纤维素取0.2%，丙三醇取2.097%，异构十三醇聚氧乙烯醚取0.693%。

③ 技术成果汇总。

A. 该环保复合型抑尘剂兼具黏结性、保水性以及润湿性。该抑尘剂由黏结剂、保水剂、表面活性剂以及纯水组成，通过对抑尘剂进行的有毒有害物质检测结果来看，该抑尘剂使用的原材料绿色环保、对环境无毒无害无腐蚀。检测结果见表2-7。

表2-7　有毒有害物质检测结果

样品名称	测试项目	单位	测试结果	指标	判定	参考标准
复合抑尘剂	气味	—	无明显刺激气味	无味或无明显刺激气味	符合	3210.1—2009
	色泽	—	乳白	透明、乳白或浅色	符合	
	杂质	—	无外来可见机械杂质	无外来可见机械杂质	符合	
	甲醛	mg/L	0.90 N.D.	≤5	符合	HJ 601—2011
	总铬	mg/L	（<0.004）	≤1.5	符合	GB/T 7466—1987
	总砷	mg/L	0.0006	≤0.5	符合	HJ 694—2014
	总汞	mg/L	0.00097	≤0.05	符合	HJ 694—2014
	总镉	mg/L	N.D.（<0.01）	≤0.1	符合	GB/T 7475—1987
	总铅	mg/L	N.D.（<0.05）	≤1.0	符合	GB/T 7475—1987

注：1mg/L=1ppm=0.0001%。

B. 通过对环保复合型抑尘剂进行抗风蚀试验，在十一级自然风力的吹蚀下，与采用防尘网、喷洒水和市面上其他抑尘剂方式的质量损失率进行对比，该抑尘剂表现出良好的抗风蚀性能，具体试验结果如图2-41所示。

在十一级自然风力的吹蚀下，五个试样的质量损失率急剧下降，覆盖防尘网的试样在 6min 左右时质量损失率达到 100%；喷洒水和喷洒其他两种抑尘剂的试样在吹蚀 20min 时质量损失率分别为 22.82%、14.96%和 12.01%；而喷洒复合抑尘剂的试样吹蚀 20min 过后质量损失率仅为 9.36%，质量损失率在五组试样中最低。

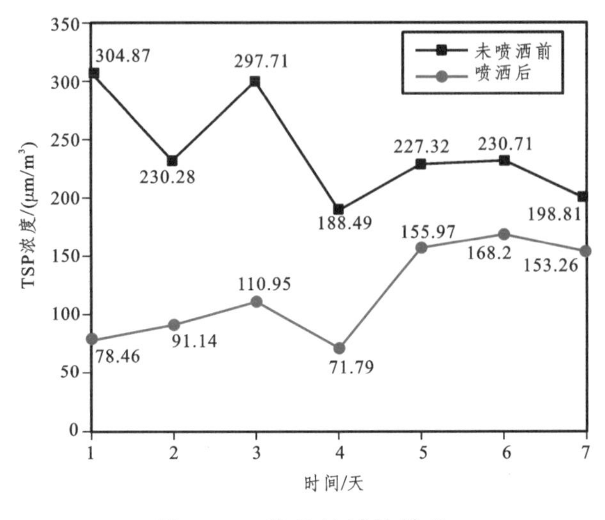

图 2-41 抗风蚀试验结果

C. 环保复合型抑尘剂能有效抑制扬尘污染。对抑尘剂开展施工现场的实际喷洒试验，采集喷洒前后一周的总悬浮微粒浓度（TSP），对比分析抑尘剂的实际应用效果，试验结果如图 2-42 所示。

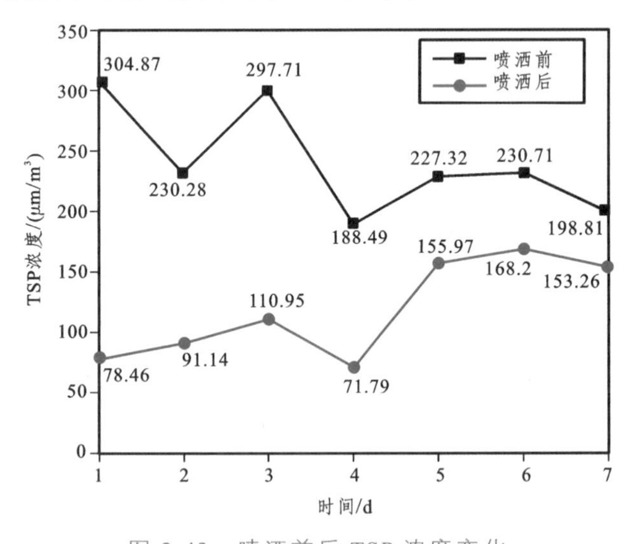

图 2-42 喷洒前后 TSP 浓度变化

在连续7d的采样时间里，该施工现场的总悬浮微粒24h排放浓度均未超过国家二级标准，7d内的TSP排放浓度平均值符合国家一级标准，TSP浓度较采样前有明显的下降，体现了该复合抑尘剂对扬尘颗粒物的抑制作用。

D. 目前，基于以上试验数据，我们已经提交三项专利（表2-4）。

（2）运维调适要点

环保复合型抑尘剂喷洒需要注意的几个技术要点：

① 喷洒剂浓度控制：抑尘剂的浓度对喷洒效果起着重要作用。在喷洒过程中，需要根据具体情况控制抑尘剂的浓度，以确保其具有足够的黏结能力和保水性，同时不会过度消耗剂量。

② 喷洒技术：在喷洒过程中，需要选择适当的喷洒设备和喷洒方式。常见的喷洒设备包括喷洒车、喷洒枪等。喷洒时要注意均匀覆盖目标区域，并确保抑尘剂能够充分接触到尘埃和颗粒物表面，提高黏结效果。

③ 喷洒频率：根据实际情况，合理控制喷洒的频率。如果环境中尘埃和颗粒物较多，频繁地喷洒可以保持较好的抑尘效果。但是也要避免过度使用抑尘剂，造成资源浪费。

（3）故障排除要点

① 合理制备抑尘剂：最主要的是黏度不能太高，黏度值太高可能会导致喷洒口堵塞粘连，溶剂不能正常喷洒，黏度值一般不超过120mPa·s，若黏度值过高可采取稀释相应倍数来处理。

② 合理选择喷洒时间：抑尘剂的喷洒时间也需要注意。通常，在风力较小、尘埃较大的小时段进行喷洒，可以提高抑尘剂的作用效果，并减少喷洒后被风吹散的可能性。

③ 控制喷洒范围：要考虑喷洒的范围，并合理选择喷洒区域。一般来说，应该将喷洒限制在需要抑尘的区域内，避免浪费抑尘剂和对环境造成不必要的影响。

3. 实际应用效果

（1）社会效益

① 保护人类健康：环保复合型抑尘剂可以有效减少空气中的粉尘和颗粒物，降低悬浮物对人体的危害，保护施工人员、周边居民以及工业生产从业人员的健康。

② 提升居住环境质量：使用抑尘剂可以减少粉尘、污染物的扩散，改善

社区、城市以及工业区域的空气质量，提升居住环境的舒适性和质量。

③ 减少环境污染：抑尘剂的使用可以降低粉尘、颗粒物进入土壤、水体和生态系统的风险，减少对自然环境的污染，保护生态平衡和生物多样性。

（2）环境效益

① 气候变化减缓：抑尘剂的使用减少粉尘的飘散，降低了温室气体的排放，有助于减缓气候变化的影响。

② 水资源保护：抑尘剂中的保水剂有助于保持土壤水分，减少水资源的消耗和浪费。

③ 土壤保护：使用抑尘剂可以减少粉尘对土壤的侵蚀和破坏，保护土壤质量和农作物生长。

（3）经济效益

以 2000m^2（长 100m、宽 20m）的施工工地为例，简单估算使用防尘网覆盖降尘、洒水降尘和抑尘剂降尘三种方式 30d 的直接成本，包括材料自身成本、设备购置和人工成本。成本估算情况见表 2-8。

表 2-8　成本估算情况

防尘网覆盖成本估算表			
项目种类	数量	单价	总价
防尘网成本	2000m^2	0.9元/m^2	1800元
U型钉成本	4000个	0.15元/个	600元
人工成本	2天	800元/天	1600元
总计			4000元
洒水降尘成本估算表			
项目种类	数量	单价	总价
水费	187.2吨	3.77元/吨	705.7元
喷淋管道成本	240m	25元/m	6000元
喷头成本	240个	1.5元/个	360元
人工成本	1月	4000元/月	4000元
总计			11065.7元
复合抑尘剂降尘成本估算表			
项目种类	数量	单价	总价
复合抑尘剂成本	8000kg	0.14元/kg	1120元
洒水车和人工成本	2天	1000元/天	2000元
总计			3120元

（4）推广价值：

① 环保形象提升：使用环保复合型抑尘剂表明企业或工地注重环境保护，提高企业的环保形象和声誉，增强社会认可度。

② 技术进步示范：环保复合型抑尘剂的研发和应用展示了企业在环保技术方面的创新能力和先进水平，有助于推动产业进步和技术创新。

课题研究单位：西华大学、成都市建科院工程质量检测有限公司

2.2　地方标准

2.2.1　《四川省地源热泵系统工程技术规程》

1. 基本信息

· 标准名称：《四川省地源热泵系统工程技术规程》DBJ51/T 223—2023

· 主编单位：中国建筑西南设计研究院有限公司

· 参编单位：四川省建筑科学研究院有限公司、四川省地质工程勘察院集团有限公司、西南交通大学、四川省建筑设计研究院有限公司

2. 编制背景及意义

目前，四川省已有不少已投入使用和正在施工安装的地源热泵系统，而四川省有关地源热泵的标准较多，包括《成都市地源热泵系统设计技术规程》DBJ51/012—2012、《成都市地源热泵系统运行管理规程》DBJ51/T 011—2012、《成都市地源热泵系统施工质量验收规程》DBJ51/006—2012、《四川省地源热泵系统工程技术实施细则》DB51/5067—2010等，标准太多过于分散，不利于地源热泵技术的系统化推广，将相关地源热泵标准内容整合，形成一本全面化、集成化的《四川省地源热泵系统工程技术规程》对地源热泵技术的规范化推广及规模化应用就显得尤为必要。

《四川省地源热泵系统工程技术规程》的编制，主要目标是建立和完善四川省相关技术规程，从勘察、设计、施工及验收、运行管理等方面对四川省的可再生能源进行规范化、合理化、高效化的利用。根据项目的实际情况，因地制宜地采用不同形式的地源热泵技术，通过适宜的规划、优化的设计、专业的施工以及后期科学、合理的运行管理和监控，使得地源热泵系统发挥

其最大的社会效益和经济效益，在节约能源、防止环境污染和城市现代化方面有着较大意义。

3. 基本内容

本规程的主要内容框架为：

（1）总则——对四川省地源热泵提出因地制宜的实施策略作出总体要求，应结合地方经济发展，对浅层地热利用进行适宜性预评价。

（2）术语——对地源热泵系统相关的名词进行解释，方便大家认识地源热此项技术。

（3）工程勘察——要求地源热泵系统工程设计前应对场地状况进行勘察，对勘察内容、勘察分级等进行了明确规定。

（4）可行性评价——地源热泵系统设计前应对浅层地热能利用进行可行性评价，规定了评价内容。

（5）系统设计——对地源热泵系统设计能效比进行吸纳定，并阐述地源热不同系统的设计要点。

（6）施工与验收——地源热泵系统工程施工方案制定及验收规定。

（7）运行维护管理—— 从系统运行维护管理、系统运行环境监测等方面，规定地源热泵工程的维护管理办法。

（8）附录——包含“四川省水文、地质区划表”“竖直地埋管换热系统设计计算”“地埋管压力损失计算”“地埋管及地表水换热器外径及壁厚”“工程质量验收记录表”等附录内容。

主要内容包括：地源热泵工程专项勘察技术，建立应用地源热泵技术的评估体系和评估方法，完善设计参数和设计方法，规范地源热泵系统工程施工质量验收，并进行管理优化、维护保养等技术的相关规定，确保地源热泵系统安全、高效运行。

4. 所解决的难点和主要创新点

本标准需解决的重点问题是针对我省地源热泵现状，对地源热泵系统进行全面、科学的研究，制定相应的集成化标准，从而更完善地源热泵技术的推广应用。

2.2.2　《四川省建筑工程绿色施工标准》

1. 基本信息

·标准名称:《四川省建筑工程绿色施工标准》DBJ51/T 229—2023

·主编单位：成都市土木建筑学会、成都建工第六建筑工程有限公司

·参编单位：四川省建设工程质量安全总站、成都建工集团有限公司、中建四局第三建设有限公司、成都建工第八建筑工程有限公司、四川省建筑业协会、四川省建筑设计研究院有限公司、中天建设集团有限公司、成都建工第一建筑工程有限公司、中铁二局集团建筑有限公司、四川省建设科技发展与信息中心

2. 编制背景及意义

2014年，住房和城乡建设部、国家质量监督检验检疫总局联合发布实施了《建筑工程绿色施工规范》GB/T 50905，在此基础之上，全国各省也陆续出台了各自的地方标准，其中北京最早于2008年出台了《绿色施工管理规程》，分别于2015年和2018年两次进行修订。由成都市土木建筑学会、成都市第六建筑工程公司（现更名为成都建工第六建筑工程有限公司）主编制订了四川省工程建设地方标准《四川省建筑工程绿色施工规程》DBJ51/T056，并于2016年8月实施。

本标准现已实施近5年时间，对规范、指导和推动四川省内建筑工程绿色施工起到了积极的作用，取得了良好的效果。2018年12月，住房和城乡建设部对《建筑工程绿色施工评价标准（修订稿）》GB/T 50640公开征求意见；2019年，住房和城乡建设部发布了《绿色施工科技示范工程技术指标及实施与评价指南》；2021年3月，住房和城乡建设部发布了《绿色建造技术导则（试行）》，对“绿色施工”的定义范围进行了补充和完善，由“四节一环保”调整为“五节一环保”，增加了对人力资源节约与保护的相关规定，补充了对国家正在积极推广应用的装配式建筑工程绿色施工的相关规定，积极推进信息化和智能化管理，且对“四节一环保”的相关要求和规定进行了调整。因此，本标准现已无法适应现阶段我省建筑工程绿色施工技术发展的需要，为进一步增强地方标准的实用性和可操作性，更好地体现出绿色施工的先进性和指导性，编制组根据国家和地方现行标准及相关规定，并结合四川

省内的实际情况，完成本标准的修订工作。

《四川省建筑工程绿色施工标准》从地基与基础工程、主体结构工程、装饰装修工程、保温和防水工程、机电安装工程及拆除工程等方面做出规定，以达到最大限度地节约资源与减少对环境的负面影响。

《四川省建筑工程绿色施工标准》的制定，符合国家政策导向，将推进我省绿色施工技术的创新发展步伐，对践行“五节一环保”的技术经济政策具有巨大的社会效益和经济效益。

3. 基本内容

本标准的主要内容框架为：

（1）总则——提出本标准的使用范围及目的。

（2）术语——对“绿色施工”“四节一环保”等专业名词进行解释说明，方便大家对术语的理解。

（3）基本规定——对绿色施工的职责进行了限定，从资源节约与利用、环境保护、人力资源节约与职业健康安全三个方面做出基本规定。

（4）施工准备——要求施工单位根据设计文件、场地条件、周边环境和绿色施工总体要求，明确绿色施工的目标、材料、方法和实施内容，并做好组织准备和技术准备。

（5）施工现场——对施工现场总体布置、临时设施提出具体要求。

（6）地基与基础工程——从土石方工程、基坑支护、桩基础工程、地基处理工程及地下水控制方面提出绿色施工要求。

（7）主体结构工程——要求宜采用工厂化预制、装配化施工、信息化管理的建造模式，从混凝土结构工程、砌体结构工程、钢结构工程等方面进行约束。

（8）装饰装修工程——对装饰装修工程中材料选择、分部分项工程提出绿色施工要求。

（9）保温和防水工程——从保温和防水工程方面提出工艺、材料及有害物质检测等要求。

（10）机电安装工程——对机电工程的各方面做了要求，如采用工厂化制作、降噪和减振措施等。

（11）拆除工程——要求建筑拆除物处理应符合充分利用、就近消纳原则，

制定拆除施工方案和环境保护计划，在施工准备、拆除施工及拆除物的综合利用方面做出相应要求。

主要技术内容：该标准对施工准备、施工现场、地基与基础工程、主体结构工程、装饰装修工程、保温防水工程、机电安装工程及拆除工程方面在绿色施工技术上提出标准要求，以达到施工过程最大限度地节约资源，减少对环境的负面影响，实现“五节一环保”的建筑工程施工要求。

4. 所解决的难点和主要创新点

（1）施工准备阶段实施绿色施工的一般规定、控制指标和控制措施。

（2）施工现场阶段实施绿色施工的一般规定、控制指标和控制措施。

（3）地基与基础工程实施绿色施工的一般规定、控制指标和控制措施。

（4）主体结构工程实施绿色施工的一般规定、控制指标和控制措施。

（5）建筑装饰装修工程实施绿色施工的一般规定、控制指标和控制措施。

（6）保温和防水工程实施绿色施工的一般规定、控制指标和控制措施。

（7）机电安装工程实施绿色施工的一般规定、控制指标和控制措施。

（8）拆除工程实施绿色施工的一般规定、控制指标和控制措施。

（9）补充工业化、智能化建造方式的相关要求和措施。

（10）补充运用 BIM、大数据、云计算等信息化、智能化技术的相关要求和措施。

（11）补充绿色施工新技术、新材料、新工艺、新设备等“建筑业 10 项新技术”的相关要求。

2.2.3 《四川省光伏建筑一体化应用技术标准》

1. 基本信息

· 标准名称：《四川省光伏建筑一体化应用技术标准》DBJ51/T 233—2023

· 主编单位：四川省建筑设计研究院有限公司、成都中建材光电材料有限公司

· 参编单位：中国建筑西南勘察设计研究院有限公司、西南交通大学、电子科技大学、成都理工大学、成都市建设工程质量监督站、成都市绿色建筑监督服务站、攀枝花市节能和绿色建筑发展中心、四川省建筑科学研究院有限公司、北京构力科技有限公司、四川澳联中工程设计咨询有限公司

2. 编制背景及意义

2018 年 4 月 11 日，工业和信息化部、住房和城乡建设部、国家能源局等六部门联合发布《智能光伏产业发展行动计划（2018—2020 年）》，分别从加快产业技术创新、提升智能制造水平，推动两化深度融合、发展智能光伏集成运维，促进特色行业应用示范、积极推动绿色发展，完善技术标准体系、加快公共服务平台建设等四大领域，提出了相关重点任务。光伏建筑一体化目前仅处于起步阶段，没有明确的补贴政策驱动，经济效益相对光伏附属建筑物差很多。对此，国家层面出台一系列补贴政策，驱动光伏建筑一体化产业发展。光伏建筑一体化是打造绿色建筑最有效的方式之一，国家积极创建绿色建筑，进一步推动光伏建筑一体化发展。

2021 年 6 月 20 日，国家能源局综合司正式下发《关于报送整县（市、区）屋顶分布式光伏开发试点方案的通知》，拟在全国组织开展整县（市、区）推进屋顶分布式光伏开发试点工作。该通知明确党政机关建筑屋顶可安装光伏发电总面积比例不低于 50%；学校、医院、村委会等公共建筑屋顶可安装光伏发电总面积比例不低于 40%；工商业厂房屋顶可安装光伏发电总面积比例不低于 30%；农村居民屋顶可安装光伏发电总面积比例不低于 20%。

而我国大力发展分布式光伏的原因，除了光伏行业事关我国自主可控的能源战略外，还在于较集中式光伏，分布式光伏具有安装灵活、分布广、就地消纳、节约用地成本、收益率更高等优点，我国光伏产业的发展正从集中式向分布式转换。

目前在四川的成都市、攀枝花市，以及甘孜、阿坝、凉山等地，已有将光伏产品直接应用在工业及公共建筑屋面及外墙工程中的实例，也有应用在汽车及围墙等构筑物中的实例。但由于缺乏系统、完善的光伏建筑一体化应用技术标准以及规范和指导，目前光伏建筑一体化技术在建筑围护结构及构筑物中的推广应用还不广，仅局限于个别工程。

为了充分发挥光伏产品在建筑光伏系统工程中的优势，规范、指导和促进光伏建筑一体化在四川地区的推广应用，保证设计和工程质量，制定本标准是非常必要和及时的。

3. 基本内容

本标准的主要内容框架为：

（1）总则——对光伏建筑一体化技术应用提出总体要求，提出本标准的

使用范围。

（2）术语——对光伏建筑一体化、光伏发电系统、光伏组件及光伏设备等给出明确定义。

（3）基本规定——对光伏建筑一体化提出基本规定，要求因地制宜利用光伏，并对光伏组件效率进行限定。

（4）光伏组件、构件与材料——要求光伏发电系统设备和材料应符合建筑安全规定，并罗列了光伏组件、构件的类型，同时给出了光伏建筑一体化中光伏组件配套材料的技术要求。

（5）规划与建筑设计——光伏建筑一体化设计应考虑光伏构件的类型、布局、安装位置和安装方式，在规划设计、建筑设计、构造设计、结构设计方面提出相应的技术要求。

（6）光伏发电系统设计——提出光伏发电系统设计应遵循“安全可靠、技术先进、投资合理、标准统一、运行高效”的设计原则。

（7）发电量计算——明确给出光伏组件发电量计算的方法。

（8）施工——对施工支撑结构安装、光伏组件与电气安装、系统调试给出技术要求。

（9）环保、卫生、安全和消防——光伏发电系统工程建设、运行维护的劳动安全与职业卫生设计，应结合工程情况积极采用先进、可靠、经济的技术措施和设施。

（10）工程验收——明确工程验收应准备的材料及分部分项工程验收标准。

（11）运行和维护——光伏发电系统宜实现组件级的监控，能精细化管理每一块组件的发电状况，随时掌握组件真实排布信息，对运行维护给出了详细的要求。

（12）附录——“不同光伏组件性能技术参数”“设计资料收集”“光伏发电量权衡计算”。

主要内容：首先对光伏组件材料的选择做出要求，然后对规划与建筑设计阶段光伏建筑一体化的设计要求做出规定，再对光伏发电系统设计、发电量计算、施工、环保卫生安全消防、验收及运行维护进行详细规定，形成四川省光伏建筑一体化应用技术标准。

4. 所解决的难点和主要创新点

（1）光伏建筑一体化性能指标的合理性。

（2）光伏建筑一体化技术在建筑屋面、外墙和户外构筑物等工程中应用的形式及构造。

（3）光伏建筑一体化的施工技术。

（4）光伏建筑一体化的质量验收的可控性和可操作性。

（5）光伏建筑一体化的运行维护。

第3章

技术实践

本章通过多个绿色节能项目的实践案例，深入探讨了绿色低碳技术在城市规划与建筑设计中的应用。从国际视野下的零碳社区、零能耗建筑典范，到国内包括近零碳示范区、现代化机场、办公楼低碳化改造以及绿色住区项目在内的多个示范工程，这些案例展示了绿色节能技术的多样性和实效性，为推动我省可持续发展提供了宝贵的经验和启示。

3.1 绿色节能国外案例

3.1.1 德国弗莱堡市沃邦（Vauban）零碳社区及新市政厅零能耗建筑

1. 项目概况

德国弗莱堡市被誉为“绿色之都”和“太阳能之城”，是全球率先实现可持续发展理念的城市之一，被世界各地许多城市和社区视为楷模。作为绿色城市的典范，弗莱堡在气候保护、能源利用、交通规划、住宅设计、森林管理、垃圾处理等各方面突出环保主题，打造现代生态之都，实现环境、社会和经济效益的三赢。

这座拥有23万人口的城市，人均温室气体排放量自1992年以来下降了37%以上，显著优于德国的平均水平。如图3-1所示，沃邦（Vauban）零碳社区就是弗莱堡绿色城市建设的杰出代表。

2. 项目关键技术分析

该社区的一大特色是积极提倡无车化生活方式，在交通设施的新建和扩建中，坚持不对城市发展和生态环境造成过多负面影响的原则，同时鼓励人们使用对环境影响小的交通工具和设施，如步行、骑自行车以及乘坐公共交

通等。沃邦社区几乎实现了零温室气体排放，是德国弗莱堡市的一个“零排放”示范区。

图 3-1　沃邦（Vauban）零碳社区鸟瞰图

（1）绿色交通

经过长达数十年优先发展绿色交通工具的运动，城市中骑自行车出行的比例已从 1982 年的 15%上升到今天的 34%，而汽车出行比例仅占 21%。在采取可持续交通政策的短途城区，人行道和自行车道形成了一个高度连接、高效、绿色的交通网络，几乎家家户户都位于电车站的步行范围内，同时所有学校、企业和购物中心也都在步行可达的范围内。

（2）低（零）能耗建筑

沃邦社区房屋均严格遵守弗莱堡市低耗能建筑标准（65 kW · h/m^2），其中大部分房屋更是达到了被动节能屋(能耗低于 15 kW ·h/m^2)的标准。生态建筑和绿色建筑成为重要标准，这些建筑在选材用料上均实现无废无污，使得住宅内外的能源交换系统达到良性循环，能源利用方面则追求最大限度地节能甚至增能。在住宅建筑的规划设计、施工建造、使用运行、维护管理、拆除改建等各个环节中，都始终贯彻尊重自然、爱护自然的原则，力求将对自然环境的负面影响控制在最小范围内，实现住区与环境的和谐共存。

沃邦社区的建筑完全符合弗莱堡市的节能标准，并且被细分为三种类型：第一种是低耗能建筑，其能耗远低于普通建筑；第二种是被动节能式建筑，自身产生的能源与消耗的能源基本相当；第三种是产能建筑，即自身产生的能源超过本身的消耗。这些节能建筑的节能效果显著，其能耗与普通建筑相比可减少 50%~60%。仅仅是暖气一项，每年就能为居民节省一笔可观的开支，这还不包括热水的费用。例如，沃邦社区内一套 120m² 的住房，每年水、电、暖气、煤气的全部费用仅为 740 欧元，分摊到每个月仅需几十欧元。换言之，仅仅是节省的能耗开支，在二三十年后就能达到相当于建房时的全部投入金额，这还不包括空气质量提高、生活更加健康等改善带来的生态和社会效益。

沃邦社区的住宅不仅保暖隔音而且环保，这要得益于新建筑材料的应用、建筑技术的进步以及对居民身体健康的重视。例如，用化工塑料制造的隔音保暖建材，虽然效果很好，但由于不利于环境和居民健康而被禁止采用。通过使用好的隔热材料及有效的暖气供应，大约可减少 60%的二氧化碳排放。

弗莱堡市还有一座被誉为“世界上第一座‘能源盈余’的公共建筑”，同时也是世界上第一批被设想为零能耗建筑之一的建筑——弗莱堡新市政厅。新市政厅用于替代原先建于 1960 年的政府大楼，其核心部分是位于一层的市民服务中心，包括会议室和职员餐厅。该建筑一期面积为 26000m²，于 2017 年建成。该建筑充分利用了地理优势，通过光伏建筑一体化建设方式，实现了新能源的高效利用。每年通过光伏发电产生的电量超过了自身的能源消耗，多余的电量被输送到城市的电网系统中。

新市政厅大楼的立面以纵向排布的、具有高隔热性能的光伏板模块构成，这种通高的立面结构设计能够优化室内采光质量。由于该建筑每年产生的能量超过其消耗的能量，多出的能量被用于城市的电网系统，因此该建筑被誉为“世界上第一座‘能源盈余’的公共建筑”。

弗莱堡新市政厅的外立面之所以采用大面积纵向排布的、具有高隔热性能的光伏板模块作为外立面（图 3-2），与当地优越的光照条件有关。弗莱堡市年平均日照时间超过 1800h，年平均太阳辐射量 1117 kW/m²，是德国日照最充足的城市之一，太阳能发电在城市的各个角落都得到了广泛应用。因此，市政厅采用这种节能设计是合理的。这也充分说明了节能技术开发应用应因地制宜，利用本地优势，充分开发本地资源。

图 3-2　市政厅大楼外立面

（3）绿色能源和产能建筑

弗莱堡位于德国最西南角，与法国和瑞士接壤，年平均日照时数超过1800h，年平均太阳辐射量为 1117 kW/m^2，这里的光照资源是德国最好的地区之一。在沃邦，太阳能建筑与自然和谐共处的理念已经成为现实。在沃邦太阳能住宅区（图 3-3）的民宅建筑中，通过应用光伏技术，使得这些建筑所产出的能量超过了消耗的能量。光伏发电系统已与城市电网连接并网运行，居民在自发自用之余，还能通过并网实现经济收益。在社区内，居民自愿在住宅屋顶上增设光伏设备的现象十分普遍，2007 年全社区年发电量达到621636kW · h，相当于约 200 户居民的年用电量。

图 3-3　沃邦太阳能住宅区

（4）绿化空间

沃邦社区虽然建筑密集度较高，但却重视保留用以休闲放松的绿色空间。例如，原区的古树得以保留，并持续有新树加以补充。为了促进空气流通，该社区在居民的参与下规划了五座个性化的绿化带。此外，按照建造规划，区内房屋顶上也应种植绿色植物。沃邦社区周围自然保护区和山林资源丰富，这也使居民生活品质得到提升。

整个沃邦社区不设雨水下水道，所有雨水均通过石砖铺成的明沟被引导至沃邦大道旁的两条中心排水渠。雨水在排水渠里缓慢渗入地下，既可补给地下水源，又能减轻排洪沟的负担，避免暴雨时排洪沟下游的居民遭受洪涝之灾。

（5）垃圾处理

弗莱堡市的经济发展遵循生态学规律，将清洁生产、资源综合利用、生态设计和可持续消费等理念融为一体，以实现废物减量化、资源化和无害化，从而维护自然生态平衡。德国的循环经济起源于垃圾问题，其核心是“废物经济”，即实现废物的减量化、资源的再使用、再循环利用以及最终的安全处置。这种循环模式不仅降低了能耗，还为垃圾赋予了新的利用价值。沃邦社区的居民积极参与到废旧物品的再循环利用中，无论是建筑碎料、聚对苯二甲酸类塑料，还是纸张和软木塞盖等，都得到了有效的利用。

（6）雨水利用

雨水利用是缓解城市缺水和防洪问题的一项重要措施。对雨水进行有效收集和利用，能显著缓解社区内的缺水问题，实现经济和生态的双赢。为了在雨水利用方面与生态和自然相协调，沃邦社区让需要排放的雨水先经过有植被的露地之后再渗漏到地下，或通过分道排水系统将雨水排入江湖。此外，弗莱堡还采取了对污水和雨水分别收费的方式，有效调动了居民们自觉保护和利用水资源的积极性。

（7）环保教育培训

生态保护须从孩童时期的教育抓起。弗莱堡市拥有众多环保项目和学校自发性组织，这些组织为学生提供了发挥想象力和创造力的平台，使他们能够为学校的环保设施筹集资金。例如，避免垃圾产生、节约用水、节省能源等项目均得到了市政府在财力和物力上的大力支持。

弗莱堡城市清洁服务公司从 1994 年起便与学校和城市生态环境站紧密合作，共同举办讲座和参观活动，在课堂上积极推广环保教育。弗莱堡大学作为德国精英大学，不仅开设了全德国第一个可再生能源研究中心，还设立了与国际接轨的“可再生能源经营管理”硕士研究生班。此外，弗莱堡地区的农业、林业、无公害葡萄酒和绿色食品生产等领域，均成为弗莱堡大学在气候生态学、林业可持续发展和环境医学研究方面的重要研究对象。

3. 总　结

沃邦社区的成功还有两点需要提及：一是政府对节能建筑的鼎力支持。对于节能住宅，根据其节能的程度，居民可以从联邦和州政府获得高达建筑成本 8%的补贴。同样，对旧房进行节能改造也能享受到相同的政府补贴政策。二是沃邦社区的居民展现出了极强的环保意识。尽管沃邦社区的地表水在渗水渠中仅有一掌深，甚至只需剥开表面的草皮，用手挖一个小坑，地下水便会渗出地面，但在水源如此丰富的情况下，仍有居民储藏雨水或购买二次用水设备，将处理过的雨水和过滤了的废水用来洗衣服、冲厕所或浇花园，其环保意识可见一斑。

案例推荐单位：成都市建筑设计研究院有限公司

3.1.2　零能耗建筑——苹果总部

1. 项目概况

苹果公司新总部 Apple Park 位于美国加利福尼亚州的库珀蒂诺，总占地面积达 175 英亩（约 $71hm^2$）。项目于 2011 年正式启动，2019 年正式开园。Apple Park 的造价高达 50 亿美元，折合人民币约 336 亿元，是目前世界上耗资最大的企业总部（图 3-4）。相比之下，谷歌和 Facebook 新总部的造价分别折合人民币 88 亿元和 27 亿元。苹果公司耗时八年，采用最前沿的建筑技术，将 Apple Park 打造成集环保、科技于一体的理想化园区。

Apple Park 以绿色空间为主，园林景观将建筑群包围在其中，为了实现“景观中的工作场所”的设计理念，Apple Park 内 80%的园区面积由绿地组成。园区内种植了超过 9000 棵树木，包括本土橡树、雪松和其他耐旱植物，并采用循环水系统进行浇灌。环形主楼的中庭广场是一个面积约 $12hm^2$ 的公园，种植了杏、橄榄和苹果等果树，可作为餐厅食材来源。高达 80%的植被覆盖率使 Apple Park 成为了世界上“最绿色的建筑”之一。

图 3-4　苹果公司新总部 Apple Park 鸟瞰图

2. 项目关键技术分析

Apple Park 主楼通过采用特殊的建筑结构和屋顶太阳能面板实现节能减排。其独特的屋檐设计和空心楼板，能够提升建筑的通风保暖性能，使大楼在一年中 9 个月的时间里无需使用空调，增强节能效果。另外，主楼屋顶铺设了 17MW 太阳能电池板，园区内还安装了 4MW 沼气燃料电池。目前园区内已实现 100%可再生能源供能，多余电力还可以供给园区周边的其他建筑使用。

（1）建筑通风结构实现自然通风，有效降低能耗

环型主楼采用的被动式技术以自然通风的建筑结构为主，并搭配毛细管辐射空调系统，可以实现室内通风恒温，降低能耗。环型主楼采用创新的建筑结构实现自然通风，降低能耗。每一层之间都设有突出的玻璃屋檐，屋檐内安装了风道，可从外部循环空气进入建筑内部（图 3-5）。苹果公司联合 F1 赛车的空气动力学家共同设计了风道内的襟翼开关装置，该装置由测量风向和风量的传感器控制，能够在屋檐下侧引导空气进入室内，同时将室内空气排出，实现室内外空气流通。环形主楼仅依靠通风设计即可实现一年中 9 个月的时间无需使用空调，极大地减少了能源消耗。预计每年能为苹果公司节省约 207 万美元的电费。

图 3-5　苹果总部屋顶通风道

即使是在必须使用空调的时间里，环形主楼使用的毛细管空调系统也比传统的对流空调系统节能 40%。大楼内的天花板和地板由大约 4300 块混凝土空心板组成，这些空心板嵌入了毛细管辐射空调系统，进一步增强了建筑的通风能力。毛细管辐射空调系统由供回水主干管构成的管网系统组成，通过辐射的方式调节室温。外部空气自屋檐风道进入后，经过辐射水管加热或冷却后达到适宜的温度，确保室内温度维持在 20~25°C之间。

（2）可再生能源利用

能源供给方面，Apple Park 已全面实现清洁能源供能。除利用自然通风的被动式节能技术外，环型主楼还通过可再生能源的利用实现建筑零能耗的目标。

① 光伏发电：

Apple Park 园区内的能源供给以太阳能光伏为主，辅以生物燃料电池。其中，环型主楼安装了 17MW 光伏屋顶，是世界上最大的太阳能屋顶项目之一（图 3-6）。园区内另外 25%的电力来自苹果公司在加州建设的光伏电站，该电站可产出 130MW 的能源供 Apple Park 及苹果在加州的其他场所设施使用。2021 年 4 月，苹果公司宣布将在该电站新建一个大型储能项目，该项目由 85 个锂离子巨型电池组组成，能够储存高达 240MW · h 的能源，并足以支持 7000 多个家庭一整天的电力需求。项目建成后，将成为美国最大的电池储能系统之一，助力苹果公司实现其环保目标。

图 3-6　苹果总部屋顶光伏

② 沼气燃料电池：

园区内还安装了 4MW 沼气燃料电池，与太阳能光伏屋顶相结合，共同为园区提供了 75%的电力需求。同时，建筑已成功并网，非峰值用电期间可以通过蓄电池和微型电网向公共电网输送电能。

案例推荐单位：成都市建筑设计研究院有限公司

3.2　绿色节能国内案例

3.2.1　博鳌近零碳示范区项目

1. 项目概况

博鳌近零碳示范区是博鳌亚洲论坛永久会址所在地，被列入国家生态文明试验区（海南）建设的标志性工程。示范区自 2022 年创建以来，从建筑绿色化改造、可再生能源利用、固废资源化处理、水资源循环利用、交通绿色化改造、园林景观生态化改造、运营智慧化建设、新型电力系统等 8 个方面 18 个子项目开展零碳改造。改造后的博鳌近零碳示范区建筑屋面铺满光伏、厨房炉灶全面电气化、全岛设备智慧化管控，与改造前相比年二氧化碳排放量减少了近 70%。

2. 示范区特色项目绿色化改造

建筑能耗占博鳌近零碳示范区能耗的 80%以上，示范区对亚洲论坛会议中心及酒店、东屿岛大酒店、新闻中心进行了绿色低碳改造。

（1）新闻中心改造项目

项目建筑面积约 4300m^2，是博鳌亚洲论坛 2024 年年会期间媒体工作者临时办公、演播和休息的主要场所（图 3-7），其改造遵循“被动优先，主动优化，能源自供给”的设计原则。被动式技术方面，采用了自然通风，屋面隔热和遮阳百叶，保证了室内舒适度，降低了空调负荷。主动式技术方面，采用了高效能光伏直驱变频多联机，综合性能系数 IPLV（C）达到 8.8。能源自供给方面，采用了屋顶光伏与建筑遮阳结合的立面光伏以及广场光伏地砖，以实现对太阳能的利用，其中屋顶光伏的光电转换效率可以达到 21.4%。另外，游船码头还设置了 6 台花朵风机收集风能。此外，新闻中心还运用了光储直柔技术，构建了先进的直流互济模式，示范区所采用的直流母线互联技术可减少配电改造增容量约 30%，配备的全钒液流长时储能电池使得充放电次数较传统锂电池提升了接近 4 倍，实现了自发自用和余电上网。实施改造后，达到“零能耗”建筑水平。

图 3-7 新闻中心项目

（2）东屿岛大酒店项目

项目建筑面积为 62840m^2，是博鳌亚洲论坛官方指定接待且具有世界高水准的度假会议酒店（图 3-8）。其改造遵循“轻形态、重性能”的设计原则，不明显改变建筑整体形象，而是通过全方位绿色建筑技术的支持，实现建筑节能降碳的目标。酒店通过更换气密性等级更高的户门和公区电动平开门，减少室外热量流入，同时，通过采用高效磁悬浮变频冷水机组，有效降低空调能耗。酒店屋面合理设置光伏发电系统，高效利用太阳能，实现余电上网。客房中设置温湿度独立控制空调系统，改善室内舒适度的同时，可以有效避免热湿联合处理所带来的能量损失。此外，本次改造增设了智能灯控系统、空气质量监测与发布系统、建筑设备监控系统、能源管理系统、智能客房系统和无人智慧酒店系统，通过智慧化手段监测和降低建筑能耗。实施改造后，达到“超低能耗”建筑水平。

图 3-8 东屿岛大酒店项目

（3）亚洲论坛大酒店及会议中心

项目建筑面积为 91677.3m^2，是博鳌亚洲论坛永久会址，具有会议、办公、酒店、餐饮、商业等多种性质（图 3-9）。本次改造围绕绿色节能的关键要素，从围护结构、设备设施、智慧化、可再生能源利用等多个板块进行提升，完善使用功能，提升能效。在围护结构提升方面，通过更换双层中空 Low-E 门窗、屋面隔热改造和增设遮阳措施的手段，提高了围护结构热工性能和室内热舒适性，降低了空调能耗。在设备设施提升方面，采用了 LED 节能灯具、空气源热泵热水机组、高能效磁悬浮变频机组和水蓄冷系统，在降低建筑整体设备耗能的同时，可利用水蓄冷系统作为柔性负载，实现削峰填谷。在智慧化提升方面，增设了智能灯控系统、空气质量监测与发布系统、建筑设备监控系统、智能客房系统和能源管理系统，利用智慧化手段监测并降低运行能耗。在可再生能源利用提升方面，采用屋顶光伏和光伏栏板、光伏玻璃采光顶等建筑光伏一体化形式，可有效利用太阳能进行发电并改善室内热舒适性。

图 3-9　亚洲论坛大酒店及会议中心项目

3. 项目关键技术分析

示范区通过创建方案定系统目标、技术导则定实施标准、总体设计定技术布局、项目施工图设计定工艺工法，开展全过程技术管理、全生命周期的碳审计与碳管理等一系列工作，形成了一套可推广的近零碳规划、建设、管理运行流程。

（1）先进产品

① 高效能光伏直驱变频多联机，综合性能系数 IPLV（C）达到 8.8，达到了国际一流水平。

② 新闻中心施工时采用的屋顶光伏板的光电转换效率可以达到 21%，处于全国领先水平。

③ 示范区安装的花朵风机是目前世界上启动速度最低的风机，启动风速只需 1.2m/s，且无噪声。

④ “光储直柔”系统配备的全钒液流长时储能电池，采用行业领先的高功率密度电堆，载能力提升至额定功率的 40%，达到行业领先水平，实现了高安全性、长寿命的全钒液流长时储能系统应用示范，且充放电次数达到 20000 次，较传统锂电池提升了接近 4 倍，较好地实现了发电和用电系统的自动调配。

⑤ 示范区的能源路由器采用自主知识产权设备，构建直流互济模式，实现建筑与电网柔性互动，全面提高配电网灵活性和可靠性水平。

⑥ 酒店阳台采用的碲化镉发电玻璃，在阴天和建筑侧面等弱光条件下均能实现太阳能发电，达到国内较高水平。

⑦ 亚论酒店屋面采用的是目前国内最先进的构件式建筑光伏一体化 BIPV（Building Integrated Photovoltaic）产品，采用无边框自散热设计，结构性能稳定可踩踏，且可以抵抗 17 级台风。

⑧ 采用完全自主知识产权的非接触式微型电流传感器，以及利用物联网、北斗定位、可信 Wi-Fi 等数字技术的专业物联网边端装置及智能传感终端，实现新型电力系统运行、巡检、管控全透明。

（2）先进技术

① 示范区所采用的“光储直柔”系统，在配变低压侧实现直流互联，能够有效提升多台变压器负载均衡度，使得配电系统供电能力提升约 30%，达到国内领先水平。

② 示范区新闻中心对建筑外门、外遮阳、屋顶隔热层进行升级，门窗气密性提高至 6 级，屋顶隔热性提高至 $0.48W/(m^2 \cdot K)$，结合高性能热回收机组，有效降低建筑负荷，助力新闻中心实现“零能耗”建筑，达到国际领先水平。

③ 农光互补项目采用以色列最高标准的全自动哥特式温室工程设计，精准联动的智慧环境控制及智慧灌溉系统，实现作物生长需要的最佳温湿度，比普通温室增产 20%~30%。

④ 新型电力系统，采用数字配电网先进技术，在实现示范区零停电的基础上，支撑分布式光伏、储能、充电桩等新能源和用户可靠接入与全额消纳。

⑤ 光储充示范电站采用先进的液冷技术，可让车辆在 10min 内充满电，达到行业一流水平。

⑥ 以柔性充电桩和智慧灯杆为智能终端代表的绿色交通系统，以智慧云脑监管平台为中枢，有力支撑了国内较大规模且安全运营的无人驾驶线路。

⑦ 公共信息模型+可视化近零碳管理系统，将人工智能技术应用于能源管理系统中，实现建筑光伏一体化、交直流微网架构、先进储能系统、园区碳汇碳排监测等系统的精细化管控。AI 智能管控生成的最优运行策略，大幅度提高了岛内中央空调运行系统效率，节能效果提升了 15%~18%，综合减碳成效明显。

4. 项目实际效益及可推广价值

博鳌近零碳示范区的创建成果，得到了德国能源署近零碳运营区域认证，通过了第三方碳评估认证机构，新闻中心可实现产销平衡，博鳌亚洲论坛会议中心及酒店运行碳排放较改造前下降约 30%，东屿岛大酒店运行碳排放较改造前下降约 40%，示范区整体实现产销平衡，处于零碳运行状态。示范区达到了“零碳区域”的指标要求，获得了住建部、国家能源局和综合智慧能源大会等国家部委和相关行业协会的认可，以及全国典型案例、优秀示范项目等荣誉，具有示范意义。项目按照“区域近零碳、资源循环、环境自然、智慧运营”的思路，涵盖技术领域覆盖广泛，规划、设计、施工、运维全过程均极具可复制、可推广价值。

案例推荐单位：四川省建筑科学研究院有限公司

3.2.2 大源国际中心办公楼绿色低碳智慧化改造项目

1. 项目概况

本项目为四川省建筑设计研究院有限公司大源国际中心办公楼绿色低碳智慧化改造项目（图 3-10），位于成都市高新区天府大道中段 688 号，该办公楼于 2014 年建成投入使用，定位为甲级写字楼。建筑所在地块为地下 2 层，面积约 2.62 万 m^2，主要功能为停车场和设备用房；地上 24 层，总建筑面积约 4.66 万 m^2，钢筋混凝土框架剪力墙结构。该办公楼的主要功能区域包括开放式办公区、独立办公室以及会议室等。此次改造对标《智慧办公建筑评价标准》T/CSUS 16—2021 金级和《既有建筑绿色改造评价标准》GB/T 51141 三星级。

既有建筑普遍存在设备设施老化、信息孤立、维护不善、新旧设备不兼容、数据安全漏洞以及资源浪费等问题，在既有建筑存量迅猛增长的阶段，

结合行业绿色低碳的发展趋势，提高企业竞争力。通过以企业办公楼为实践案例，结合建筑现状、使用需求、管理需求进行绿色智慧升级。采用新一代信息与通信技术（ICT）、物联网、大数据、光伏建筑一体化、空调自适应调节等关键技术，借助系统集成平台，大幅降低建筑运行能耗，提升管理效率，降低管理成本和运营成本，为使用方或管理方带来一定经济效益，为既有建筑绿色、低碳、智慧改造项目提供示范和技术参考。

图 3-10 大源国际中心办公楼绿色低碳智慧化改造项目总体实景图

2. 项目关键技术分析

（1）空调系统节能关键技术

冷源机房应用自研的基于数据驱动的空调冷源自适应控制系统（图 3-11）进行运行调控，采用人工神经网络与生物群智能算法寻求实时负荷需求条件下的设备最佳运维状态，实现系统自适应控制，提升冷源机房运行能效水平。空调冷冻水泵增设变频装置，实现水系统变流量运行，节约输配系统能耗。公共区域采用自研智能型风机盘管温控器，内置节能模式，可通过后台统一设定、调节，减少无效运行时间和过度运行。此外，授权区域通过 APP 实现对空调末端的预运行、温度控制等个性化要求。

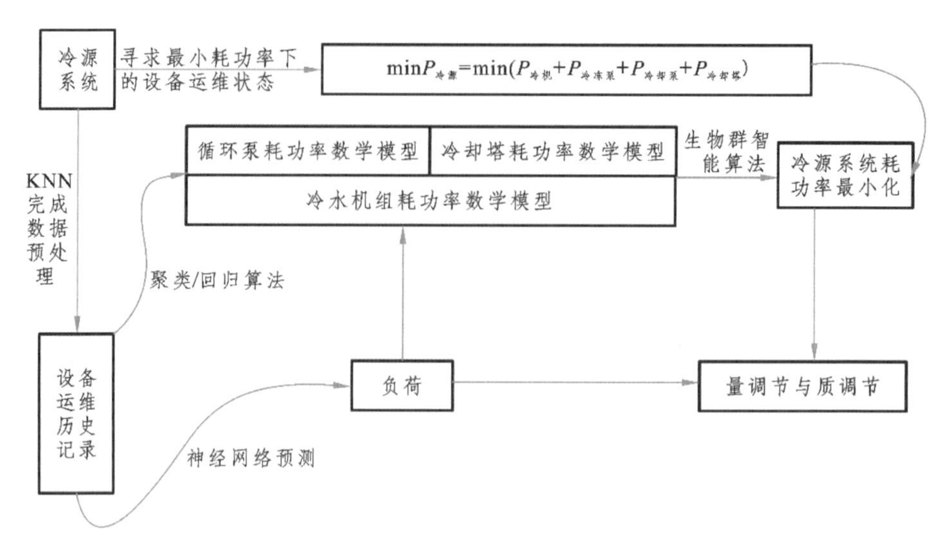

图 3-11　冷源控制系统逻辑示意图

科创空间示范区采用分布式变风量新风控制系统（图 3-12），根据室内二氧化碳浓度控制新风系统变风量运行；新风机组自研的多通道数字化变风量新风机组，采用直流无刷电机，过滤段和表冷段设有旁通回路，通过自研控制系统实现变工况运行，节约风机能耗与新风冷热负荷需求。

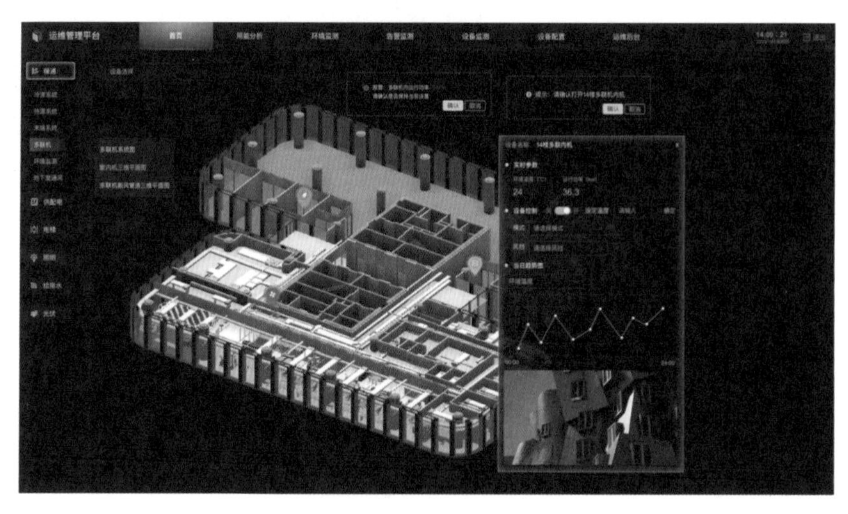

图 3-12　科创空间新风机组监测示意图

冷源机房改造后，机房制冷能效提升 15%以上，每年可节约制冷能耗 18 万 kW · h/a 以上，减少碳排放 94.63tCO_2/a 以上。科创示范空间改造区域新风设计新风量为 3000m^3/h，改造为多工况变风量新风系统后，每年可节约新

风机组能耗 653.81kW·h/a，新风制冷能耗 320.92kW·h/a，新风制热能耗 $238m^3/a$，折合标准煤 424.93kgce/a，合计减少碳排放约 $1.01tCO_2/a$。空调冷热源更换为直流电源多联式热泵机组，每年可节约空调能耗 2200.61kgce/a，减少碳排放约 $0.39tCO_2/a$。

（2）光伏建筑一体化

在办公楼屋顶南、北区分别选用三种光伏屋面材料，屋顶光伏布置如图 3-13 所示，充分考虑建筑光伏一体化，所有光伏材料均采用高反不透的类玻璃材质，在屋顶营造一种较为轻质透亮的感觉。南、北区排风井区域使用标称效率 21.10%的单晶硅组件产品；南区多功能厅屋面使用标称效率 13.33%的铜铟镓硒光薄膜伏组件产品，北区廊架部分选用标称效率 14.06%的碲化镉光伏组件产品；并将光伏发电直接用于科创空间直流 LED 灯、直流空调等设备供电，避免传统光伏供电系统“交-直-交”两次变流造成能源损耗，提高系统能效和可靠性，降低经济成本。

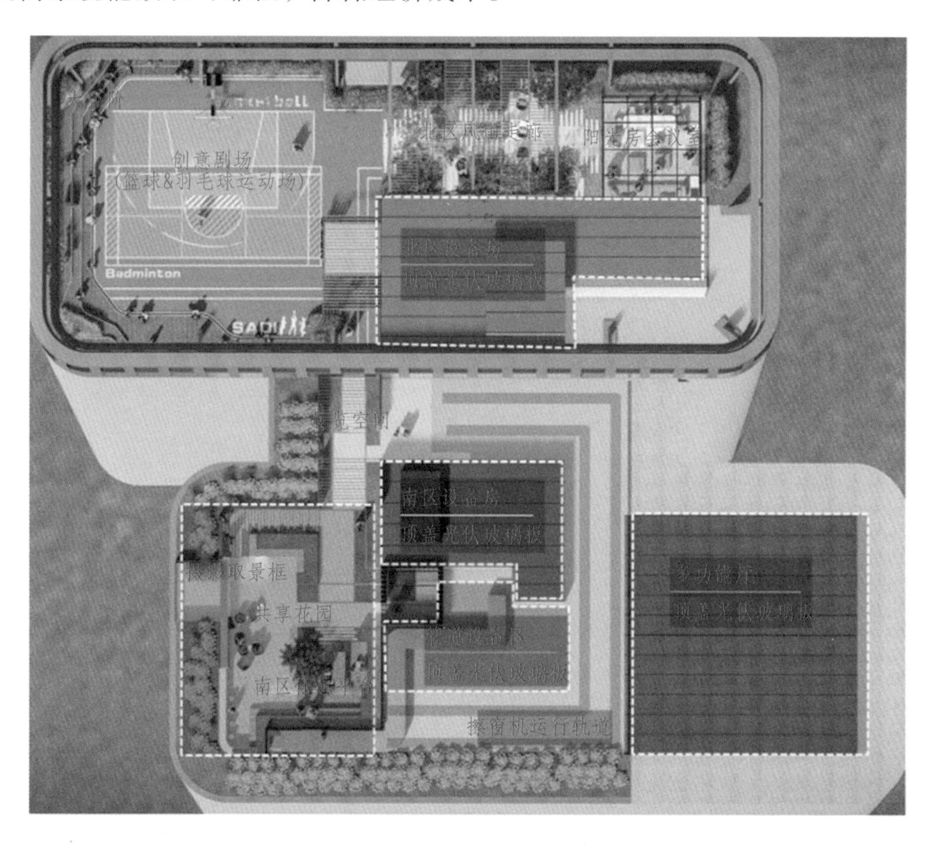

图 3-13　屋顶光伏布置

冷源机房改造后，机房制冷能效提升 15%以上，每年可节约制冷能耗 18 万 kW·h/a 以上，减少碳排放 94.63tCO_2/a 以上。科创示范空间改造区域新风设计新风量为 3000m^3/h，改造为多工况变风量新风系统后，每年可节约新风机组能耗 653.81kW·h/a，新风制冷能耗 320.92kW·h/a，新风制热能耗 238m^3/a，折合标准煤 424.93kgce/a，合计减少碳排放约 1.01tCO_2/a。空调冷热源更换为直流电源多联式热泵机组，每年可节约空调能耗 2200.61kgce/a，减少碳排放约 0.39tCO_2/a。

（3）替换高效 LED 灯具

原有照明光源主要是荧光灯管和普通筒灯，存在光效低，寿命短、能耗高、不环保等问题，同时灯具老化严重，照度不均匀，通过替换为高效、节能、环保、寿命长等优点的同等光效 LED 灯具，可实现年节电量约 22 万 kW·h，节能率高达 40%。办公楼替换灯具前后能耗对比见表 3-1。

表 3-1　办公楼替换灯具前后能耗对比表

区域	灯具类型		功率/W		总能耗/（kW·h）		节能量/（kW·h）
	改造前	改造后	改造前	改造后	改造前	改造后	
公共区域	LED 筒灯	LED 筒灯	10	9	59918	53926	5991
	T5 荧光灯	LED 灯	18	8	151372	47093	104279
办公室	200×1200 双管荧光灯	200×1200 LED 灯盘	56	36	113344	72864	40480
开放办公区	300×1200 双管荧光灯	300×1200 LED 灯盘	56	36	199508	128255	71253

（4）非传统水源利用

收集屋面及场地雨水，处理后回用于绿化浇灌、道路及车库冲洗；收集空调冷凝水，回用于冷却塔补水。本项目非传统水源利用率达 6.3%（图 3-14）。总平绿化灌溉方式采用智慧节水喷灌系统，增设土壤湿度感应器，实现喷灌系统根据土壤湿度自动控制，充分利用非传统水源，极大程度降低水资源的浪费。

（5）遮阳百叶物联控制

对大楼东侧现有的电动百叶系统进行全面的群控升级，实现根据日照时

间及周期进行自动调节升降，最大限度地减少室外阳光热辐射对室内环境的影响，从而间接降低空调系统能耗，提高能源利用效率，营造更加舒适的室内环境。此外，为了满足不同用户的需求，各空间可根据自身实际需求自行调节百叶的开合程度。通过电动百叶物联智能控制，每年可降低能耗约33586kW·h。

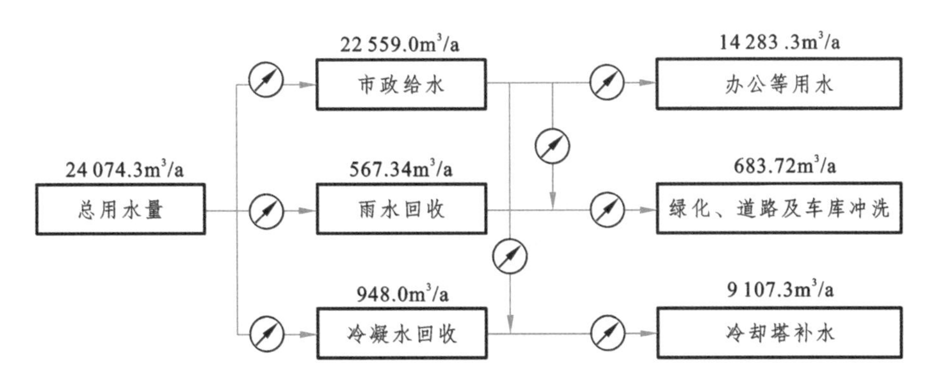

图 3-14 非传统水源利用示意图

3. 项目推广价值

此次绿色低碳智慧改造项目效益提升方面主要包括能耗节约、运维人员减少、工作效率提升、楼宇平台产品化等，经初步核算，产生的社会效益将远超于增量成本，主要包括员工健康舒适感受、公司业务宣传效应、推动智慧办公建筑行业发展等带来的系列间接经济效益。

近年来既有办公建筑改造需求加大，特别是针对安全防范、节能减排、绿色健康、高效管理等方面亟须进行升级，可以就此项目作为案例，对既有办公建筑智慧化改造相关技术措施进行普适性推广。

本项目结合行业发展趋势，基于自用办公楼为实践案例，打造了智慧安防、物联网应用、分布式光伏发电、光储直流供电、数字化变风量新风系统、碳中和办公空间、呼吸式幕墙性能提升、非传统水源利用、绿化智慧滴灌、建筑碳管理平台、智慧楼宇运管平台等一系列新一代ICT技术、绿色低碳技术及创新性材料应用等多个应用示范场景。可通过实地参观考察，切实体会与常规建筑相比所带来的多方面显著改进和提升，从设计源头对绿色低碳智慧办公建筑进行推广更具有一定的宣传力度。

项目主要参与单位见表 3-2。

表 3-2　项目主要参与单位

序号	责任主体	单位名称
1	建设单位	四川省建筑设计研究院有限公司
2	勘察单位	—
3	设计单位	四川省建筑设计研究院有限公司
4	监理单位	—
5	施工单位	四川华西安装工程有限公司、四川德丞业建设工程有限公司、特锐德西明电力有限公司等

案例推荐单位：四川省建筑设计研究院有限公司

3.2.3　中建西南院第二办公区低碳改造工程

1. 项目概况

（1）基本信息

中建西南院第二办公区位于成都市高新南区，其东南西北四向城市道路分别为天府大道北段、锦晖西一街、金融城北路、蜀绣西路。项目用地面积 1.7 万 m^2，总建筑面积 8.6 万 m^2，其中地上建筑面积 4.7 万 m^2，地下建筑面积 3.9 万 m^2。建筑总高度 69.30m，为地上 17 层、地下 3 层的框剪结构。项目透视图及实景图如图 3-15~图 3-19 所示。

图 3-15　东南沿街透视图

图 3-16　东北沿街透视图

图 3-17　连廊西侧实景图

图 3-18　连廊东侧实景图

图 3-19　连廊西侧室内实景图

（2）建设背景及意义

由于建成时间早，原空间结构和设备条件无法满足企业快速发展需求，

为响应新时代"双碳"目标，践行企业自身减碳义务，2022年，启动了办公楼低碳节能及品质提升的改造工作。通过对大楼运行状况、能耗及碳排放数据的排查，基于技术经济分析，提出近20项切实可行的节能减碳改造措施，包括光伏发电及消纳、供暖热源电气化替代、外围护结构改造加强自然通风、遮阳与绿视率提升、空调系统能效提升、竖向交通性能提升、照明LED替代、变配电系统智能控制、能源系统智慧管理等。

2. 项目关键技术分析

（1）建筑环境关键技术分析

① 外围护结构加强自然通风。

AB座连廊夏季及过渡季，室内存在闷热、通风效果不佳的情况。结合上述现状问题分析以及成都地区过渡季较长的特性，拟采用对围护结构改造提升自然通风效果的措施，以减少新风及空调的运行时间。改善双层幕墙的自然通风效果需要提高热压拔风的通风量，并且保证风口的正常开启，因此设计针对AB座连廊的双层呼吸式幕墙提出了三种改造方案，见表3-3。

表3-3　改造方案

改造措施	室内温度云图	剖面风速矢量图	室内1.7m处平均温度/℃
方案一			30.09
方案二			29.81
方案三			29.03

方案一：对外侧玻璃幕墙每间隔两梃拆除一扇玻璃，相当于拆除了外侧 1/3 的玻璃，增大外侧幕墙的通风面积，同时保持所有的开启扇始终处于开启状态；

方案二：在方案一基础上，将上下水平穿孔板的穿孔率增大至 70%，以提高空腔内部的竖向通风量。

方案三：拆除外侧全部玻璃，变为传统的单层幕墙体系围护结构。

由模拟结果可知，通过方案三的自然通风方式，室内平均温度降低了 4.3℃，该方案在方案二的基础上，对于改善室内自然通风换气以及热环境舒适度有进一步的提升作用，同时结合办公楼后续的改造立面形象提升考虑，设计最终选择方案三作为实施策略。

② 遮阳与绿视率提升。

在建筑立面上增设垂直绿化的方式，可有效提升主要使用空间的绿视率（图 3-20）。通过拆除连廊外侧双层幕墙，设置系统性的垂直绿化，可直接提升高层建筑主要使用的办公空间绿视率。在城市层面，垂直绿化系统在建筑立面上形成的“绿幕”，可以提升城市视角的绿视率。

图 3-20　连廊东立面改造前后对比

在垂直绿化的植物选择中，应考虑其呈现效果、养护难易、植物特性等因素。在呈现效果中，应考虑季节因素对植物效果的影响。西南院第二办公区低碳改造中，选择花期时间久、颜色鲜明的本土植物三角梅为主要种植植

物，同时搭配种植吊兰保障在冬季时立面效果可以保持常绿状态；牵引式绿化则选择本土植物油麻藤，其生长能力强、效果常绿，可很好满足牵引式绿化的需求。

对于西立面的垂直绿化设计，综合考虑到了其遮阳效果，从而更好地改善室内物理环境。连廊西立面改造前后对比效果如图 3-21 所示。在西立面设置出挑的横向种植花槽，可以形成对窗口的横向遮阳，其花池宽度的选择结合了对夏季太阳辐射遮挡的模拟（图 3-22）。

图 3-21　连廊西立面改造前后对比

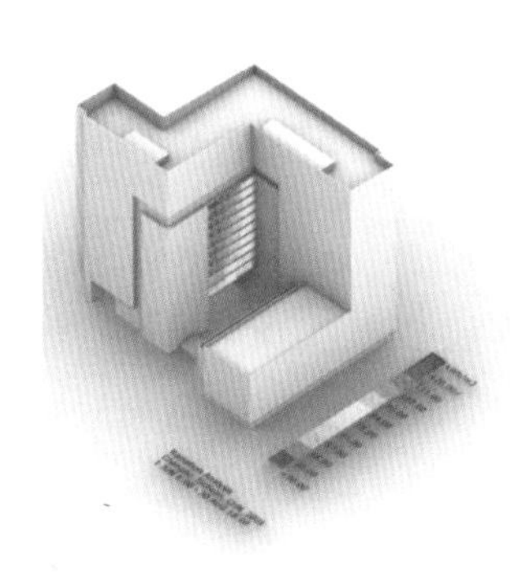

0.5m 进深遮阳效果

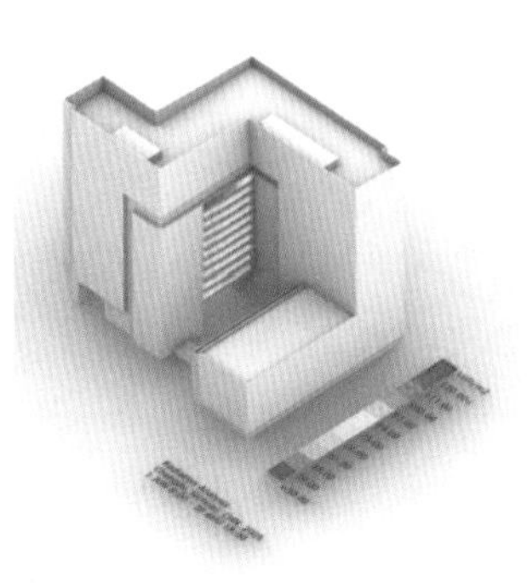

1.5m 进深遮阳效果

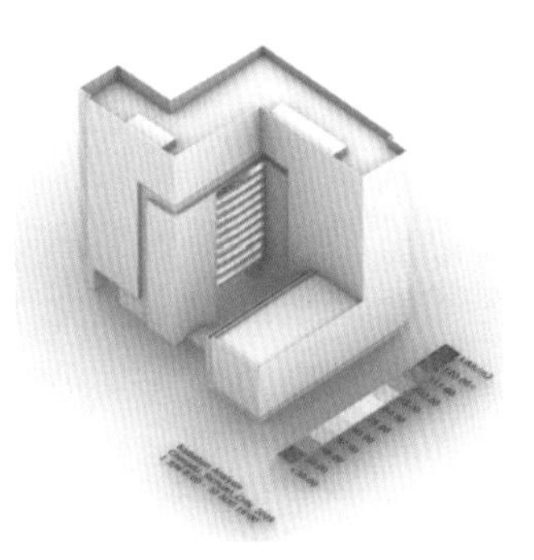

2.5m 进深遮阳效果

图 3-22　不同悬挑距离的太阳辐射量对比

通过比对后，结合造价因素，选择了合计 1.4m（含马道）的悬挑距离，并结合牵引式绿化，形成综合遮阳形式，在提升绿视率的同时，也有效缓解了西晒对建筑的影响。西侧连廊垂直绿化方案如图 3-23 所示。

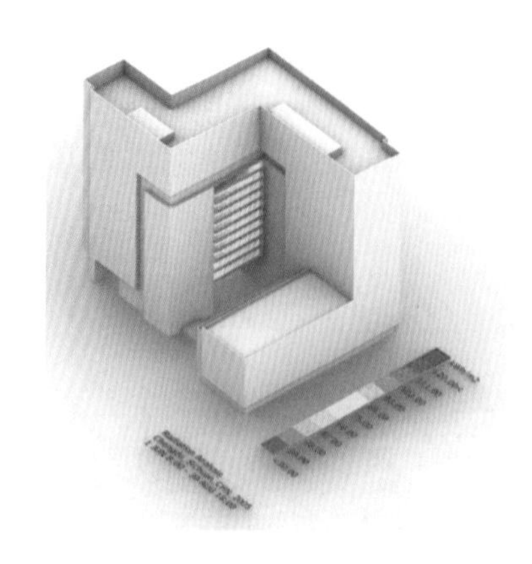

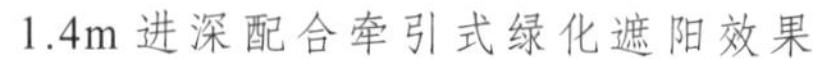

1.4m 进深配合牵引式绿化遮阳效果

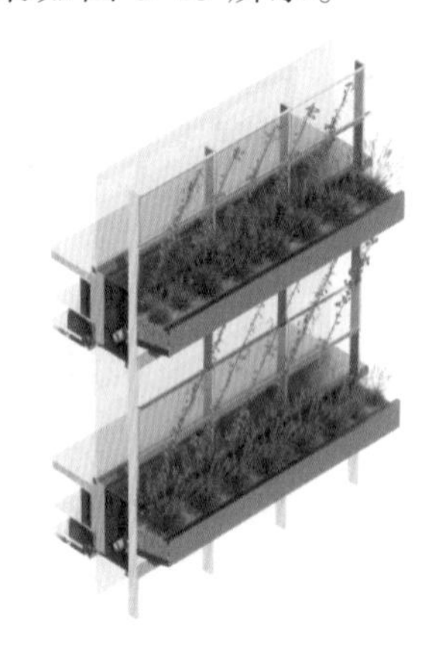

西侧垂直绿化系统节点

图 3-23　西侧连廊垂直绿化方案

在第二办公区东侧连廊立面的改造中，为提高建筑低碳改造的示范作用，首次提出了绿植光伏一体化[①]的设计理念。其一侧为光伏组件，另一侧为模块化绿植集成的立面组件（图 3-24），利用有限立面空间的同时，实现垂直绿化及光伏运用。相较于传统垂直绿化布置方式，不仅可以让光伏在不利朝向的立面获得更大的辐射量，同时可以实现提升室内空间的绿视率，日常维护、修剪也更为便捷。

通过对光伏组件的不同朝向的模拟，选择最佳的光伏安装角度，让光伏可以获得最大辐射强度。同时在另一侧选择本土喜阴植物，并采用模块化绿化，便于维修更换。

在第二办公区北侧观光电梯的垂直绿化方案中，为减少垂直绿化构件的悬挑距离，同时实现立面绿化的整体性，提出了贯穿式牵引绿化的方式。

观光电梯的绿化形式选择牵引式绿化（图 3-25），其优势在于可同时提高城市视角以及电梯使用时的绿视率，且牵引式绿化的间隙也不会阻挡观光电梯的视线。但为减少垂直绿化构件的悬挑距离，方便维修，选择将种植花

① 本项目提出了将绿色植被与光伏系统相结合的新形式，命名为 Green Integrated Photovoltaic（可简称为 GIPV，尽管该术语尚未广泛采用，但用于此处以表达绿色植被与光伏一体化的概念）。这种 GIPV 形式旨在进一步提升建筑的绿色生态性能，实现能源生产和环境美化的双重效益。

槽布置于检修马道下侧，并根据油麻藤生长特性预留侧向开口，将牵引绳索布置于外侧；其节点设计可以有限实现立面垂直绿化的整体性，同时减小悬挑距离，减轻结构代价，也使得立面更为轻盈。

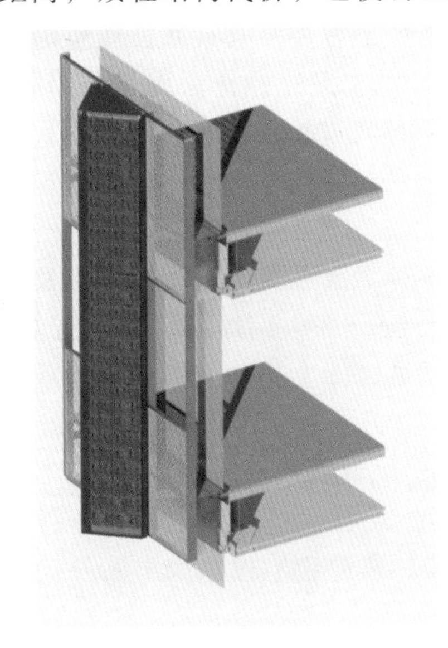
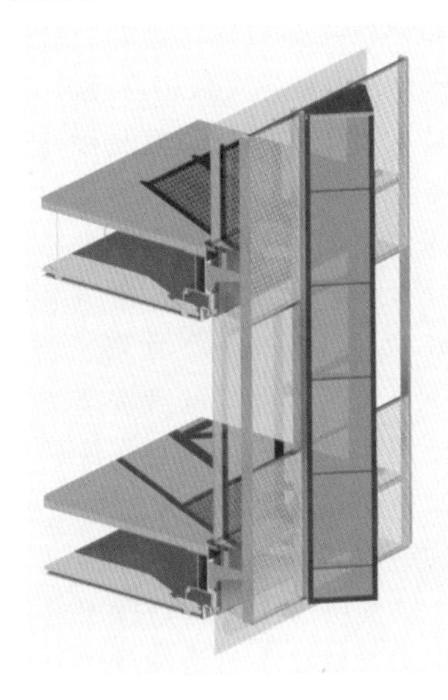

图 3-24 GIPV 绿植光伏一体化构件

图 3-25 电梯垂直绿化

③ 竖向交通性能提升。

与单、多层建筑相比较，高层建筑的形态特质决定了其内部交通中垂直交通所占权重大于水平交通的特性，现阶段技术下，垂直交通主要依赖电梯系统和楼梯来保持正常运转，又以电梯系统为最重要。既有办公建筑随着使用年限增长，服务人数也在逐年增多，原有的电梯越来越无法满足使用需求，尤其是上下班高峰期，普遍存在使用者候梯时间过长、排队长的问题，严重影响了办公效率。本项目为缩短早高峰电梯候梯时间，采用减少始发层、减少中间停站层、增加轿厢三大措施。

减少始发层：主要是希望电梯在早高峰时不服务至地下车库。假如电梯响应呼梯并行驶至地下楼层，将增加往返行程，加大门厅层呼梯等待时间，相当于分流了地面层的载客能力，从而降低早高峰客梯的服务标准。减少电梯始发层通常做法为增加车库转换电梯；以二办为例，其-3 层高仅 3.2m，若增加车库转换电梯，底板无法下挖设置基坑，因此我们将现有的 A 座-1~1 层的楼梯一直打通到-3 层，地下车库人员通过 A 座大厅新增的楼梯步行到达首层，以首层门厅作为始发层进行交通转换，该措施不仅减少早高峰候梯时间，也是鼓励员工行为减碳的有效方法。

减少停站层：本项目电梯采用目的楼层控制系统（DSC）。当乘客选择目的楼层后，系统将依照最优的等候时间和到达目的楼层的时间来分配电梯，同时系统在触摸屏上会清晰显示乘客要乘坐的梯号和位置，所以，轿厢内将不再需要楼层按钮。通过电梯运力模拟计算，目的楼层控制系统（DSC）在二办的早高峰时段可以大大提高电梯的运输能力，改善电梯的运行效果。

增加电梯轿厢：二办改造在综合比较电梯运力和造价的因素下，采用增加外挂电梯的方案（图 3-26），并将 A 座原 4 台电梯和 B 座原 3 台电梯以及新增的 2 台电梯均采用目的楼层控制系统（DSC），有效将早高峰电梯候梯时间由 300s 减少到 40s。

（2）建筑节约能源关键技术分析

① 光伏发电及消纳。

中建西南院第二办公区将屋面划分为三个板块：南侧的设备机组区域、中部的开敞区域、北侧半开敞区域，屋面光伏利用分布如图 3-27 所示。改造方案在中部区域利用架空屋面竹木地板新增了屋面活动交流区域，因此该区域有遮风避雨、隔绝热辐射的需求，可作为项目的建筑光伏一体化 BIPV 应用示范区域，其余两个板块从成本测算的角度考虑，设置为常规的附着在建筑物上的太阳能光伏发电系统 BAPV。其中，活动区域的棚架利用原有屋面

钢柱以及新增钢柱进行拉结形成 BIPV 的结构框架，顶棚铺设单晶硅光伏组件结合直立锁边金属屋面 BIPV（图 3-28）。项目屋面新增光伏组件面积共计约 700m^2，预计年发电量约 14 万 kW·h。

图 3-26　新增 2 台外挂电梯及轿厢

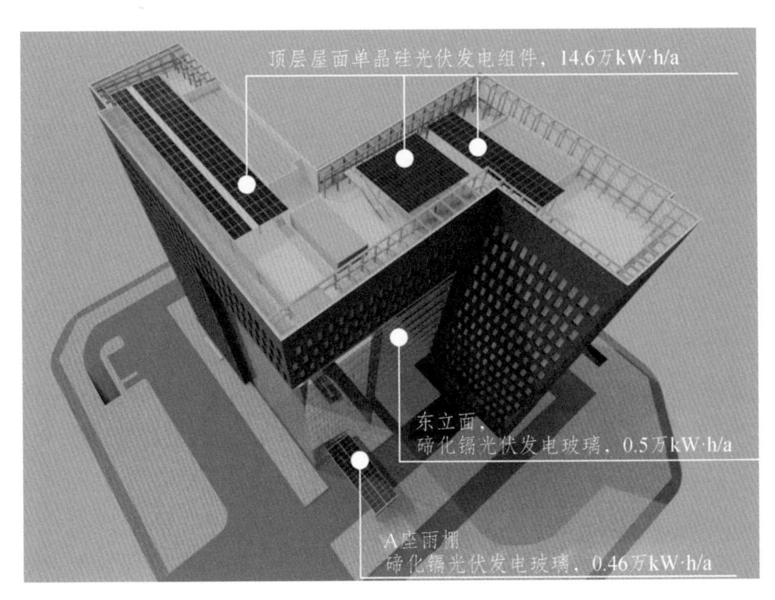

图 3-27　屋面光伏利用分布图

图 3-28　屋顶单晶硅光伏板

连廊立面外围护结构，原设计为双层玻璃呼吸式幕墙，根据模拟测算改造方案，将外侧玻璃拆除，保证室内自然通风条件，降低空调能耗，但同时会导致单层玻璃的遮阳系数降低，不利于日照辐射的阻挡。因此方案提出在该玻璃幕墙外侧设置模块化垂直绿化遮阳，同时考虑利用日照辐射，尽量增加光伏铺设面积，将不利变为有利。联合相关厂家设计并研发出绿植光伏一体化 GIPV 的构件（图 3-29）。单元构件整体呈三棱柱形，高度与建筑层高以及光伏材料的标准尺寸进行适配，由于构件之间有一定的互相遮挡，因此光伏材料构件采用了弱光性更好的碲化镉玻璃（透光率 70%）。该构件通过在立面的错动排列形成韵律感的建筑外观，不仅满足建筑美学的需求，同时也兼顾了建筑遮阳和主动产能，是一项很好的立面 BIPV 创新型示范。

整个办公园区构建多种能源组成小型发配电系统的微电网，实现分布式电源的灵活、高效应用，解决数量庞大、负荷多种形式以及分布式电源的并网问题。开发延伸微电网能够充分促进分布式电源与可再生能源的大规模接入，能源形式的高效可靠供给，是实现主动式配电网的一种有效方式，使传统供配电系统向智能供配电系统过渡。

图 3-29　东侧 GIPV 光伏绿植一体化系统

② 空调系统能效提升。

空调系统通过冷水机房管网低阻化改造、更换高能效冷却塔、优化变水量控制等措施，提高空调冷水系统能效。末端系统增设了新风系统的 CO_2 浓度控制，保障室内空气质量，降低新风能耗。冷冻机房改造前后对比如图 3-30 所示。

图 3-30　冷冻机房改造前后对比

③ 照明 LED 替代。

全楼照明替换为 LED 节能灯具，并建立智能照明系统。实现物联照明，利用单灯通信，实现人来灯亮、人走灯暗的照明效果。室内灯具替换尽量利用原有的灯位布置进行替换，根据各场所模拟选取最佳的灯具选型方案，对现有灯控系统进行排查与维护，不满足要求之处需更换设备和线路。总平照明上对不满足规范要求的场合补充功能性照明，对人流量大的区域（下沉广场）补充装饰性照明，同时增加智能灯光控制。

④ 变配电系统智能控制。

增加关键位置检测及数据采集，优化监控系统，实现物联感知和智能运维。改造后实现事件进行快速分析定位、主动处置策略、故障预警、主动维护策略、系统可视化、远程运维。

（3）建筑节约资源关键技术分析

① 供暖热源电气化替代。

拆除原燃气锅炉，以中建智造自主研发的低噪声高效除霜空气源热泵机组（图 3-31）作为替代热源。本项目机组具备的优势可以分为两个方面：一方面是功能的增加，就是热泵实现了除霜期间不间断制热，传统热泵机组除霜期间是反向制冷的，可以看到制冷量为负数，而本项目热泵机组除霜期间依然可以维持 300kW 以上制热量。另一方面是相比传统机组设备性能的提升。第一供水温度稳定性提高，传统热泵除霜时水温降低幅度达到 10~15℃，而新型热泵只降低 4℃；第二热泵能效提升 9.3%，更加省电；第三设备噪声更小，机器噪声在使用降噪措施前是 90dB，降噪处理后，成功降低 10dB 以上。

图 3-31　中建智造自主研发的低噪声高效除霜空气源热泵机组

② 能源系统智慧管理。

增设群智能控制和能源管理系统（图 3-32），使各机电系统实现按需供给、高效用能、智能运行，优化大楼运行管理，节能降碳。通过用电分项计量、楼宇设备自控系统改造、灯控照明系统改造、新增群智能控制系统等实现大楼的智能化能源管理和系统大数据积累。

图 3-32　能源管理系统展示平台

3. 项目实际效益及可推广价值

（1）经济效益

既有建筑低碳节能改造是实现建筑领域双碳目标的重要措施之一，是我国缓解能源缺乏的主要举措。我国城市建设已由快速开发建设转向存量提质改造和增量结构调整并重的发展阶段，以既有建筑改造为主要内容的城市更新将成为城市发展转型升级的重要途径。截至 2020 年年底，我国既有建筑总量接近 660 亿 m^2，其中既有公共建筑总面积已达 130 亿 m^2。针对既有公共建筑总量大、分布广、类型多样的特点，科学制定既有公共建筑综合性能提升改造路线，对推动城市建设高质量发展具有重要意义。随着人民生活水平的不断提高，对建筑环境及舒适度的要求也越来越高，这必定会带动建筑能耗的增加。因此，开展既有建筑低碳节能改造的研究，可有效降低建筑能耗，改善室内环境，带来长远的经济效益，对实现全社会节能减排目标以及改善民生具有重要意义。中建西南院第二办公区低碳改造工程经济成本分析如图 3-33 所示。

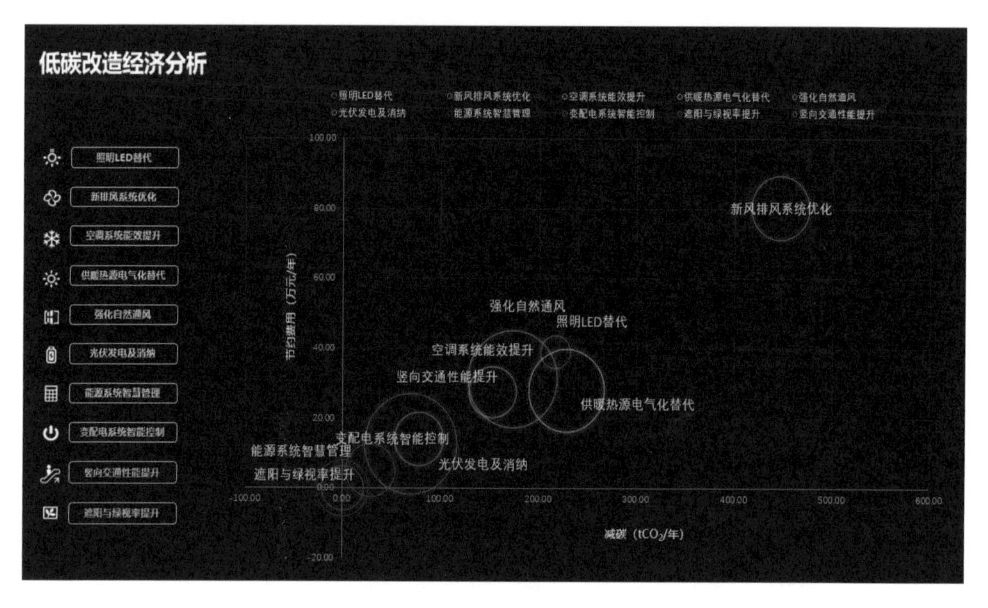

图 3-33　中建西南院第二办公区低碳改造工程经济成本分析

（2）环境效益

既有建筑低碳改造对节能减排的效益明显。根据统计数据，2020 年建筑运行的碳排放达到了 21.8 亿 t，因此通过既有建筑的节能改造，可大幅降低全社会的碳排放强度，改善生态环境。

本项目为夏热冬冷地区既有建筑改造的一次全新尝试，是我院践行“建筑碳中和”的身体力行，也被纳入中建集团“中国建筑碳排放检测与管理

综合服务平台研发与示范工程”，通过系统改造，形成既有建筑节能、低碳改造的技术体系及实施路径，依托行业的领军优势，打造行业标杆，为中建开展既有建筑节能、低碳改造业务提供支撑。本项目实施后，预计大楼每年可减少碳排约 1395t，全年节约运行费用约 238 万元，达到低碳建筑标准。中建西南院第二办公区节能减碳分析如图 3-34 所示，项目主要参与单位见表 3-4。

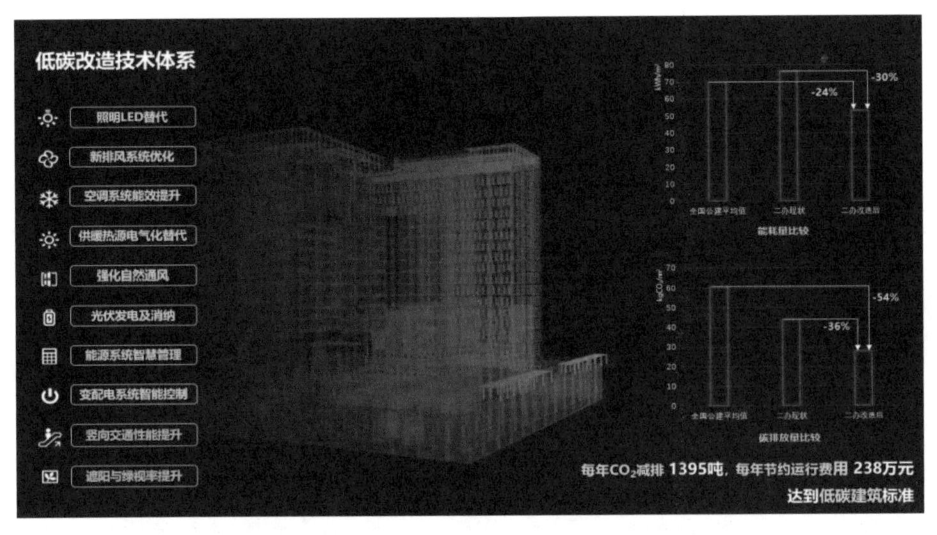

图 3-34　中建西南院第二办公区节能减碳分析

表 3-4　项目主要参与单位

序号	责任主体	单位名称
1	建设单位	中国建筑西南设计研究院有限公司
2	勘察单位	—
3	设计单位	中国建筑西南设计研究院有限公司
4	监理单位	四川西南工程项目管理咨询有限责任公司
5	施工单位	中国建筑西南设计研究院有限公司

案例推荐单位：中国建筑西南设计研究院有限公司

3.2.4　成都华润置地未来之城 A-1 地块（1~8 号楼）

1. 项目概况

该项目位于四川省成都市龙泉驿区皇冠湖以北片区，住区总用地面积

43473.19m²，规划总建筑面积 156655.98m²，地上建筑面积 113520.17m²，地上计容建筑面积 108682.98m²（其中住宅建筑面积 101767.25m²、商业等配套设施建筑面积 6915.73m²），地下 1 层（局部 2 层），建筑面积 43135.81m²，主要功能为地下机动车库和设备房；总建筑密度为 22.62%，容积率为 2.50，绿地率为 42.68%；建筑主体结构为剪力墙结构，设计年限为 50 年，使用性质主要为住宅。项目于 2020 年 4 月开工，2022 年 7 月竣工。项目效果图如图 3-35 所示。

图 3-35　项目效果图

2. 项目关键技术分析

（1）建筑环境关键技术分析

① 建筑布局优化。

场地内各楼栋呈环形分布，为确保主卧和起居室的采光通风良好，住宅均采用南北朝向，极大提升了居住舒适度。规划设计绿地率为 30%，而实际绿地率可达 42.68%。场地内部绿化布局集中，主要绿化景观设置在中庭区域，每栋住宅周边均设有景观小品，力求实现景观价值最大化。项目建筑采用围合式布局，内部中庭空间富余，环境相对比较安静。

② 健康生态景观。

从入户大门到景观园林，再到大堂入口，串联起一条充满活力的归家动线，这不仅是公共空间到私密空间的过渡，更是奔波与归家的情感转换。小区归家的步道主入口，以蓝花楹林搭配水景和灯光，营造出庄重、有秩序、富有仪式感的氛围。为增添特色，小区设置多处运动景墙，与成都大运会主题形成呼应（图 3-36）。此外，项目利用了有限的架空层空间，打造主题化多功能区，丰富社区休闲体验。

图 3-36 项目健康大运全龄运动主题景观打造现场图片

③ 室内降噪技术。

项目主要功能房间的外墙、分户墙的空气声隔声性能以及卧室楼板的撞击声隔声性能，均达到了高要求标准限值。室内噪声级符合现行国家标准《民用建筑隔声设计规范》GB 50118 中的低限标准和高要求标准限值的平均值。此外，本项目采用低温热水地板辐射采暖系统设计，不仅提供了舒适的室内温度，还有效地减少了楼地板的传声能力，进一步提高了居住者的生活品质。

④ 室内采光设计。

本项目位于成都，属于光气候V类地区。在户型设计方面充分考虑自然采光，确保开窗面积合理。卧室和起居室的窗地面积比均达到 1/5 的要求，保证了充足的自然采光，为居民提供了明亮、舒适的居住环境。

⑤ 室内热舒适提升。

项目围护结构热工性能符合有关标准规定，建筑节能达到《四川省居住建筑节能设计标准》DB51/5027—2019 的规范要求。具体措施包括但不限于屋面采用 55mm 挤塑聚苯乙烯泡沫板保温材料、外墙采用 30mm 岩棉板保温材料等，这些措施保证了在室内设计温湿度条件下，建筑的非透光围护结构内部不会发生结露现象，同时避免了供暖建筑的屋顶和外墙内部出现冷凝问题。

住宅空调采用变制冷剂流量多联空调系统，室内机采用低噪声静音式风管机，户内各房间可独立控制，且所有房间都具备开窗通风条件。此外，项目还配置了低温热水地板辐射采暖系统，采暖热源采用平衡式强制排烟型户式燃气壁挂炉，保障了温暖舒适的居住环境。部分室内热舒适提升措施如图 3-37 所示。

（a）室内新风口现场照片

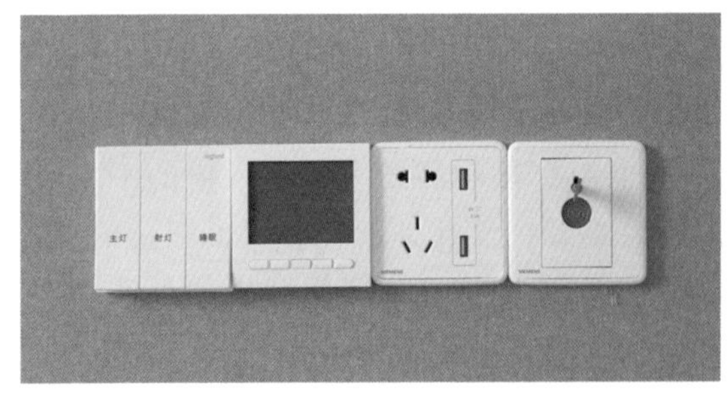

（b）空调及地暖控制

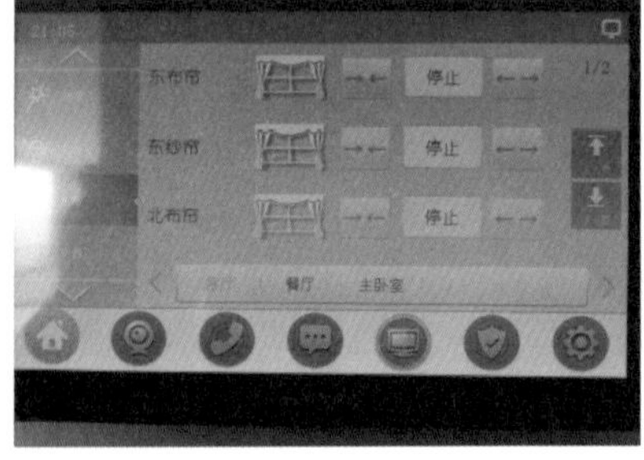

（c）智能家居系统

图 3-37　室内热舒适提升措施

⑥ 室内空气质量提升。

项目采取了一系列措施，以保证室内空气品质。首先，该项目为全精装设计，室内配置有双级过滤的新风系统，其过滤器可清洗和更换，新风系统进风口与排气口保持了足够的安全距离。其次，地下车库设置了与排风设备联动的一氧化碳浓度监测装置。此外，项目室内装修预采用的顶棚吊顶、墙地面饰面层等材料均为通过认证的绿色建材，以确保装修后室内空气质量符合国家标准《室内空气质量标准》GB/T 18883 的相关规定。

⑦ 室外环境宜居设计。

项目广泛采用了宅间花园、下凹绿地、景观遮阳凉亭等一系列降低热岛强度的措施，经热岛强度模拟计算，本项目场地室外日平均热岛强度为 0.02℃，不高于 1.5℃。在园林景观方面，项目打造了“九大定制”生活场景，以“森林秘岛”为主题，通过群落式栽植单品种乔木（其密度为 5 株/100m²），强化了现代人居的全新体验，构建了舒适、健康的人居新环境。室外景观设计如图 3-38 所示。

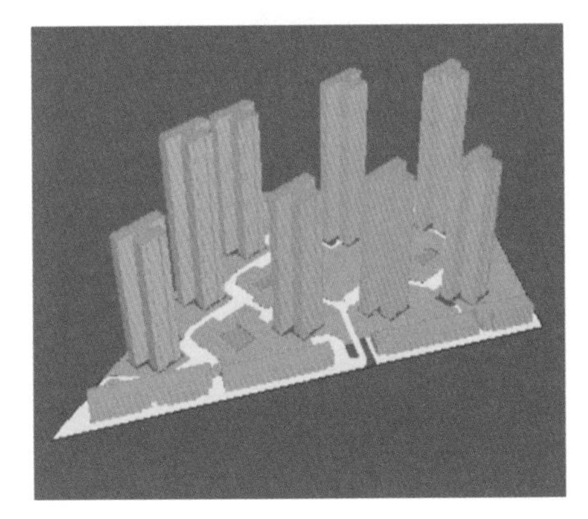

（a）室外热环境模拟

（b）项目室外景观实景

图 3-38　室外景观设计图示

（2）建筑节约资源关键技术分析

① 建筑被动式节能设计。

项目采用挤塑聚苯乙烯泡沫板（燃烧性能等级为 B1 级）、岩棉板、蒸压加气混凝土、6 高透光双银 Low-E+12 氩气+6 透明多腔隔热铝合金门窗等节能措施，节能设计标准高于《四川省居住建筑节能设计标准》DB51/5027—2019 的要求。项目建筑节能材料应用如图 3-39。

图 3-39　项目建筑节能材料应用示意图

② 资源节约型低碳社区。

项目采用了多种节能、节水、节材设备和技术，包括但不限于变频水泵、风机、高效节能灯具、光伏发电灯具、1 级用水效率卫生器具、微喷灌、绿色建材等，旨在构建资源节约型低碳社区。部分节水措施如图 3-40 所示。

（a）节水喷灌

（b）1 级用水效率卫生器具

图 3-40　项目部分节水措施

③ 电动车充电设施。

项目新能源汽车配电设施直接建设比例为 40%，预留条件比例 60%，且配置安全保护的充电设备，非机动车在地下室统一设置充电设施；停车场采用智慧停车管理系统。停车设施布局合理、方便出入，满足人员使用需求，有助于鼓励绿色出行。

（3）智慧便捷技术分析

① 智能设备监控系统。

项目充分运用现代智能化技术（图 3-41），包括全区人脸识别门禁、全区 Wi-Fi 覆盖、水质监测系统、空气监测报警设备、智能面板、物联智慧家

电等一系列智能化设施。这些先进科技的引入不仅为居民提供了便捷的出行和高效的通信网络，还确保了生活的舒适和环境的安全。

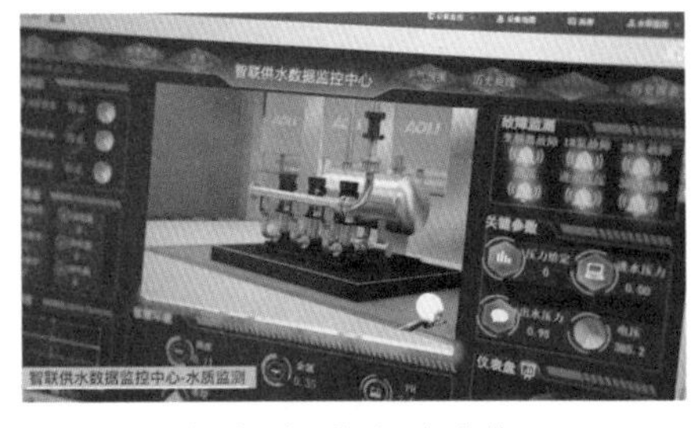

（a）水质监测系统

（b）一氧化碳探测器

（c）人脸识别及访客系统

（d）室内智能控制系统

图 3-41 现代智能化技术运用

② 智慧物业系统。

华润置地物业服务有限公司精心打造智慧物业管理云平台——华润朝夕（图 3-42）。通过该平台，能够有效与客户进行交互，大大减少手工作业，提高工作效率，为居民提供高效、便捷的物业服务。

图 3-42 智慧物业系统

③ BIM 技术创新应用。

项目中所有建筑都有 BIM 轻量化 NWC 模型（图 3-43）。在设计阶段，通过 BIM 模型进行碰撞检测，可以即时发现并解决建筑设计问题。在项目的施工建造阶段，同样应用了 BIM 技术，以提升施工质量，确保建筑及设备的高效安装。

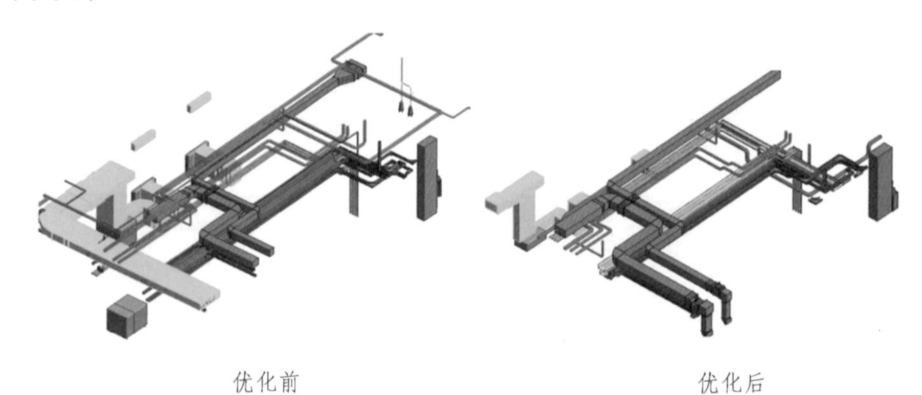

优化前　　　　优化后

图 3-43　BIM 技术应用

（4）海绵城市技术分析

本项目的雨水径流控制率为 75%，通过设置下凹绿地、雨水花园（图 3-44）、雨水回用系统以及合理的路面排水引流等措施，成功实现了对雨水的有效控制与净化，确保“小雨不湿鞋，大雨无内涝积水”。通过科学而创新的雨水管理手段，为居民提供了更为安全、清洁的生活环境。

图 3-44　项目雨水花园

（5）安全性能提升技术分析

项目住宅采用全套精装标准，其中阳台、外窗、窗台的防护措施相对于设计标准有所提升，防护栏杆的垂直和水平载荷限值也高于标准规定数值，有效预防人员坠落事件发生。

建筑门窗、围栏及其配件的力学性能和耐久性符合相应标准的规定。外围护结构饰面层、装饰装修部品构件等，均采用相应技术措施进行加固处理，具备抗震、防坠落、防撞击及防倒塌功能。此外，建筑物出入口设置雨篷，有效防护外墙饰面、门窗玻璃脱落对周围环境的影响。项目安全性能提升现场如图 3-45 所示。

图 3-45　项目安全性能提升现场

3. 项目实际效益

（1）建筑物理环境效果分析

项目采用多种绿色建筑技术措施及设计理念整体提升室内外环境品质，具体环境提升效果数据如下：

① 住区所有住户冬至日均至少有一个主要房间满足 2h 日照要求。

② 项目室外场地日平均热岛强度为 0.02℃，夏季室外地表温度适宜。

③ 项目室内空气品质经检测甲醛、苯、甲苯、二甲苯、氡、氨、总挥发性有机化合物 TVOC（Total Volatile Organic Compounds）含量至少比国家标准降低 23%。

④ 项目室内噪声最不利房间背景噪声昼间比标准降低 15%，闭窗状态下室内几乎听不到刺耳噪声。

⑤ 户型设计方面充分考虑自然采光，主要功能房间面积比例 62%的区

域，采光照度值不低于 300lx，小时数平均不少于 8h。

⑥ 项目热舒适度适宜，主要功能房间达到现行国家标准《民用建筑室内热湿环境评价标准》GB/T 50785 规定的室内人工冷热源热湿环境整体评价II级的面积比例达 96.72%。

（2）建筑设备系统节能分析

项目采用多种绿色建筑技术措施及设计理念，整体降低住区能耗及碳排放，具体节能减排效果数据如下：

① 项目每户空调采用一级能效空调，相较于强制性标准制冷能耗降低了 18%。

② 项目室外采用太阳能路灯，光伏发电收集后供夜间照明使用，全区每年能减少约 10500kW·h 公区照明能耗。

③ 项目雨水回用系统收集雨水进行绿化灌溉及道路冲洗，每年可节约约 6026m^3 水量。

（3）项目成套技术落地效果分析

项目下凹绿地、雨水花园的实施，能有效减少地面径流，场地年径流总量控制率达 75%，可以涵养周围地下水源。

4. 推广价值

该项目为我省 2024 年度首批成功获得二星级绿色建筑标识的项目，在对建筑本身建立节能降碳绿色环保的基础上，更加注重使用者的获得感以及项目环境品质的提升。项目融合创新环保和健康宜居措施，最大化体现以人为本的绿色低碳发展理念，同时项目的高效运行，代表夏热冬冷地区绿色低碳高效可复制型技术体系的成功，将来更多居住类建筑可以基于本项目技术体系进行节能降碳设计。项目主要参与单位见表 3-5。

表 3-5　项目主要参与单位

序号	责任主体	单位名称
1	建设单位	成都华润置地驿都房地产有限公司
2	勘察单位	四川省川建勘察设计院有限公司
3	设计单位	基准方中建筑设计股份有限公司
4	监理单位	四川精正建设管理咨询有限公司
5	施工单位	四川省佳宇建设集团有限公司
6	绿色建筑咨询单位	四川省建筑科学研究院有限公司

案例推荐单位：四川省建筑科学研究院有限公司

3.2.5 成都天府国际机场项目

1. 项目概况

成都天府国际机场位于简阳市芦葭镇，距离成都市中心天府广场 51.5km，总用地面积 52km^2，工程总投资 776.99 亿元，是国家“十三五”期间规划建设的最大民用运输枢纽机场项目，是国家推进“一带一路”和长江经济带战略、全面融入全球经济的重大战略布局。成都天府国际机场（图 3-46）总建筑面积 110.86 万 m^2，由 T1 航站楼、T2 航站楼、综合交通换乘中心（GTC）及旅客过夜酒店组成。其中 T1 航站楼 38.74 万 m^2，T2 航站楼 31.85 万 m^2，GTC 综合换乘中心 27.27 万 m^2，旅客过夜酒店 13 万 m^2。

图 3-46 成都天府国际机场项目

本项目开工时间为 2017 年 11 月 14 日，竣工时间为 2021 年 5 月 19 日。项目针对当前绿色施工中存在的资源、能源浪费和环境污染的问题展开研究，形成了“航站楼构型与自然风向相结合技术”“自然采光模型分析技术”“多举措分级温控调节技术”“可回收再利用施工技术”等关键技术，成果通过中国建筑工程总公司组织的科技成果鉴定会，鉴定结论为“该成果整体达到国际先进水平，其中‘自然采光模型分析技术’、‘多举措分级温控调节技术’等技术达到国际领先水平”。

本项目的科技成果已成功应用于成都天府国际机场项目，并被其他同类工程借鉴实施，有力地促进了建筑节能减排和企业技术进步与管理创新，提

高了项目的综合效益。

2. 项目关键技术分析

成都天府国际机场作为国家“十三五”期间规划的最大的民用运输枢纽机场，规模庞大，若采用传统的室内热环境、光环境标准及环境营造的方法，不仅能耗大且效果不佳，同时各项投入巨大，实现最大化可循环再利用才是关键。

（1）航站楼构型与自然风向相结合技术

充分考虑年主导风向，设计航站楼长轴内侧流线型构型并与主导风向平行，实现自然通风最大化（图 3-47）；采用 CFD 软件 PHOENICS 进行自然通风模拟（图 3-48），优化航站区建筑整体布局，实现建筑物周围人行区域风速小于室外风速放大系数，满足室外风环境舒适性的同时，场地内人员活动区不出现涡旋和无风区。

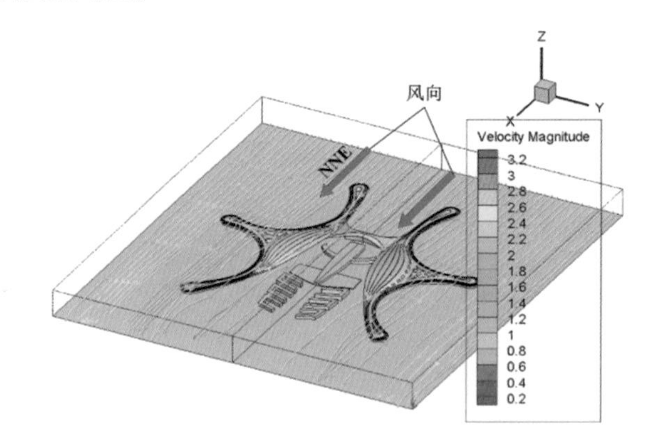

图 3-47　航站楼水平切面速度流线图

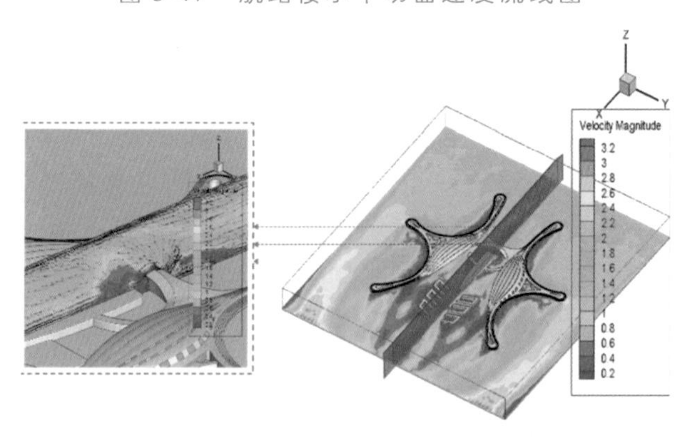

图 3-48　航站楼自然通风模拟图

（2）自然采光模型分析技术

通过 Radiance 软件进行航站楼采光模拟分析（图 3-49），采用幕墙侧面采光及屋面天窗采光相结合的方式，指廊区域配合景观设置增加采光，实现航站楼最大程度利用自然光，采光系数大于 6%的区域占比约 57.22%，采光系数超过规范要求 40%。

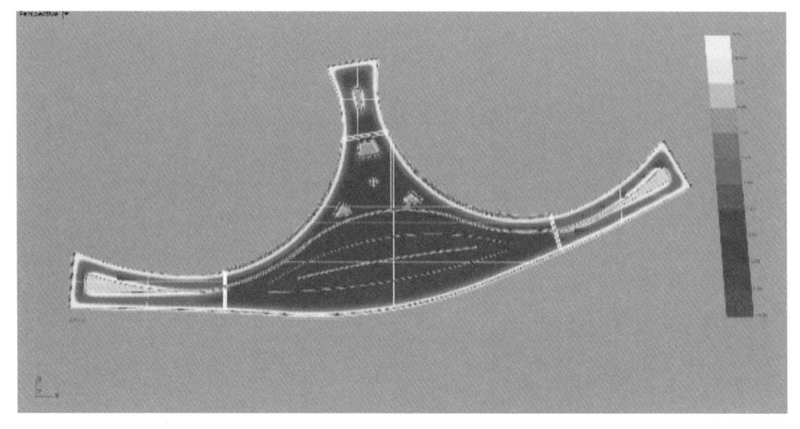

（a）4 层采光分析

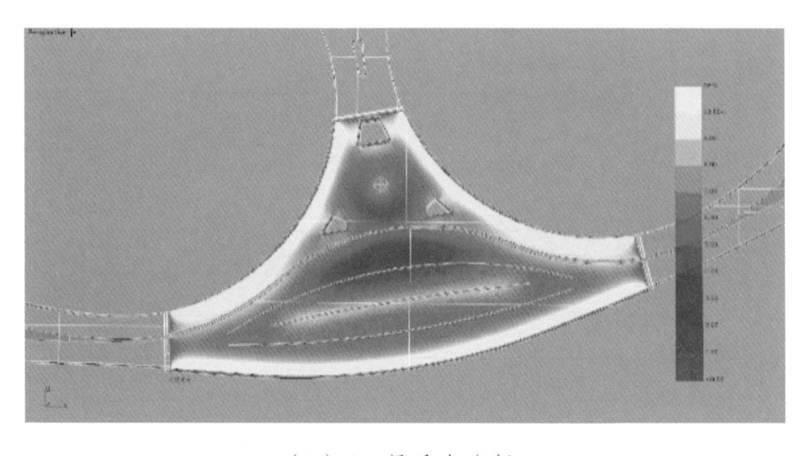

（b）4A 层采光分析

图 3-49 航站楼采光分析

（3）多举措分级温控调节技术

全球首例引入双品位冷源控制系统的大型机场航站楼。双品位冷源控制系统通过设置 2 个不同品位的冷源（高温冷源和常温冷源），实现冷源分级分质的利用，以达到温控系统精细化设置的目的（图 3-50），采用双品位冷源控制系统，其全年高温冷源供冷量占比达到 45%（图 3-51），大幅提高了冷源系统能效。结合不同送风参数及控制策略，将温度、湿度这两个参数分别用高温水、中温水进行处理，实现房间温度、湿度的解耦控制，以达到空调吹出来的风满足舒适性要求（图 3-52）。同时结合末端装置的二次回风措施，可有效利用上部冷空气进行二次控温，有效降低空调能耗（图 3-53）。

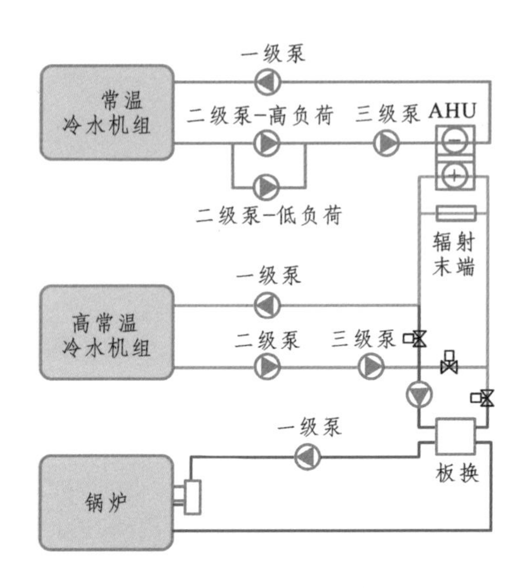

图 3-50 冷源双温供水

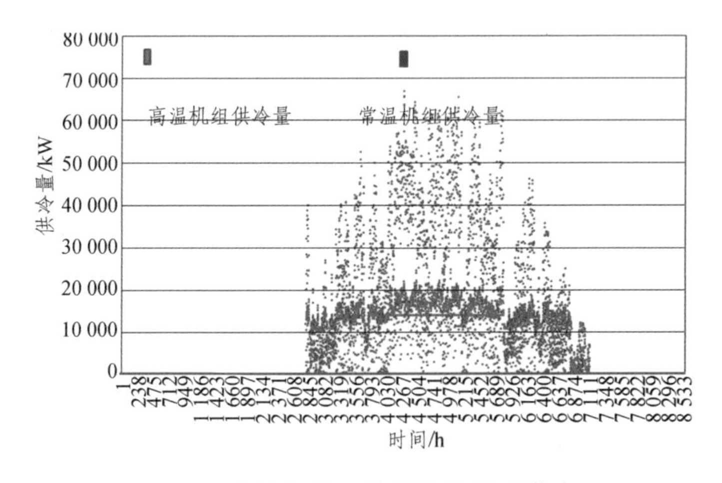

图 3-51 高温机组及常温机组逐时供冷量

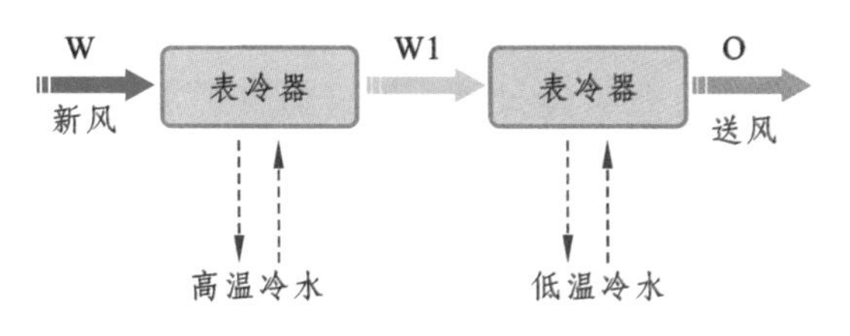

图 3-52　冷源分质使用

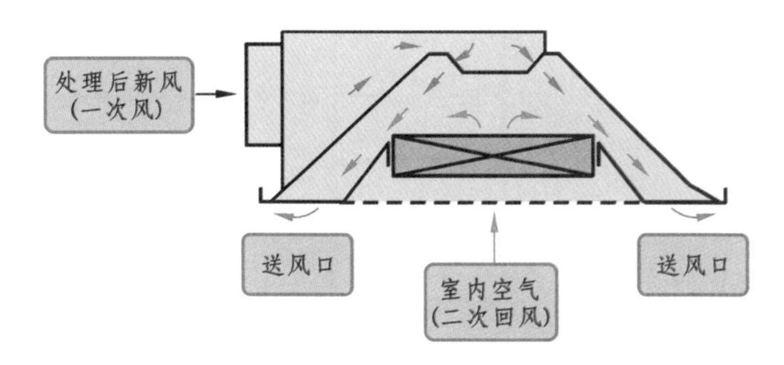

图 3-53　二次回风

针对高大空间室内热环境特点，基于尽可能采用以水替代风作为输送冷热量介质的理念，以提高单位冷（热）量输送能效（图 3-54），根据不同季节情况调节温度分层，以保证人员活动区域最佳的体感温度；降低空间温度梯度，减少热压作用的冷风渗透，降低供暖能耗。

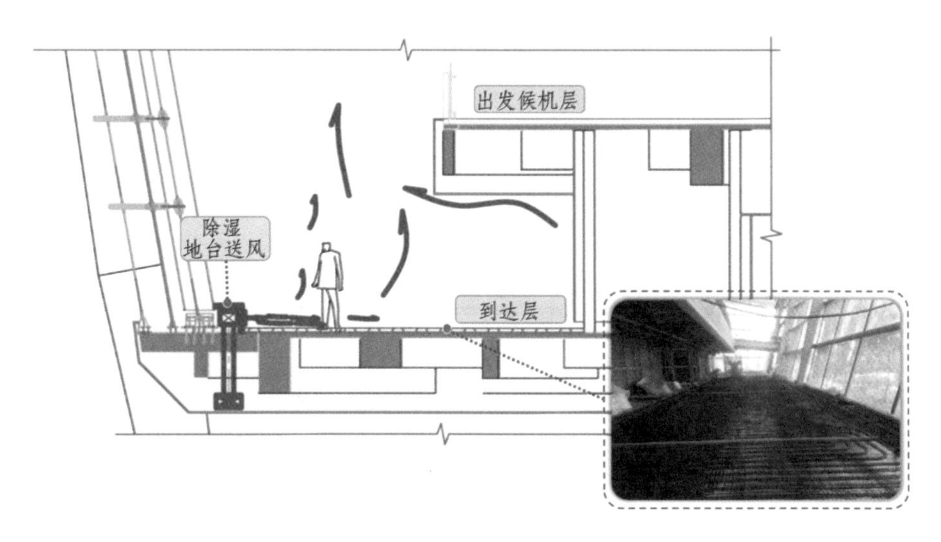

图 3-54　到达廊地面辐射+除湿地台送风

高低负荷泵组柔性化负荷需求技术，优化多级泵变流量系统设计，采用二级泵组按负荷预测进行分组设置的方案，解决了不同负荷率下二级泵难以高效运行和二级管网工作曲线不稳定的技术难题（图 3-55），通过合理应用系列创新节能技术，大幅降低空调通风系统能耗，单位面积空调能耗比同气候区航站楼节能 26%，达到国际领先水平。

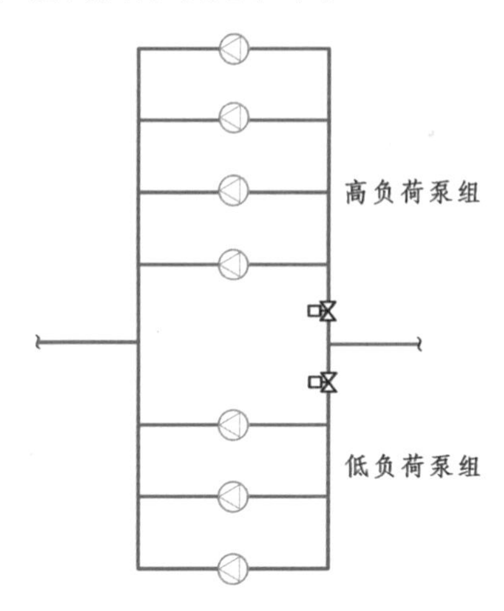

图 3-55　负荷预测分组+不利环路压差信号控制水泵调频

（4）可回收再利用施工技术

场区内超大基坑纵横交错，临时水、电设施排布相当复杂，研发一种跨越基坑架设临时水电管线施工技术（图 3-56），以预埋地锚钢板、自制钢管承重支架、管线钢索轨道、动力牵引滑轮组形成绿色环保（可回收）新型管线架设导运系统，可有效代替传统管线埋地敷设方式，且与地下室主体结构施工互不干扰，大幅提升了施工效率，且大幅减小了管线维护修补难度，同时临时管线回收率可达 95%。

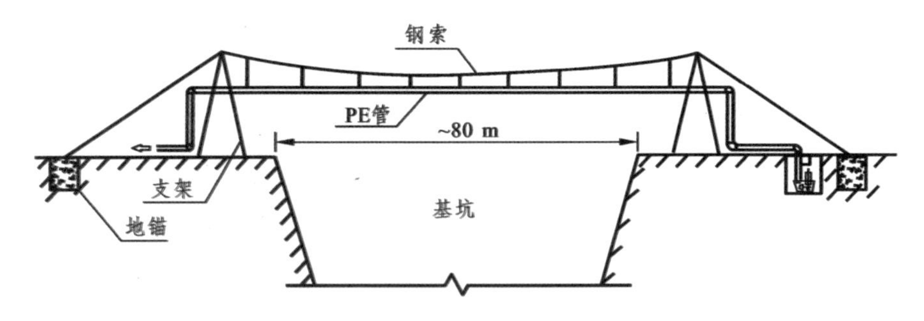

图 3-56　跨越基坑架设临时水电管线技术

研发了装配式可回收深基坑支护技术，依托于高分子复合材料组成的多层加筋绿色环保（可回收）新型支护面层及配套连接构件，在传统土钉墙支护机理的基础上，通过微颗粒防护层、防水层、高分子面层、加筋面层组成的复合面层代替喷混面层，通过连接构件将锚钉连接成整体（图 3-57）。保持土钉墙支护安全及设计机理的同时，兼具轻质、高强、绿色、环保、可回收、经济等特点，是一种可取代传统土钉墙及其它喷锚支护的新型绿色支护结构。

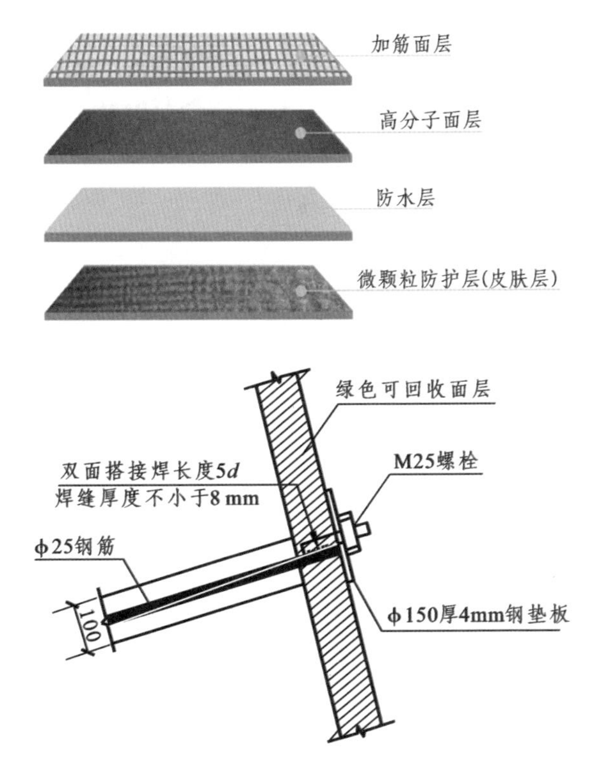

图 3-57 绿色可回收边坡支护结构

研发了一种由基础本体、橡胶垫和抗倾扭配重件组成的新型装配式塔吊基础，将传统的十字梁基础、方形基础、方形与十字梁组合基础及墩式基础，通过平面优化分块，工厂化预制成多块组合体，组合拼装，形成一个八角风车形的整体基础（图 3-58），保证了塔机与基础连接的整体性、安全性，提高了场内复杂工况下塔吊布置的灵活性，回收的基础预制块可再次重复使用，具备良好的节地节材效果。

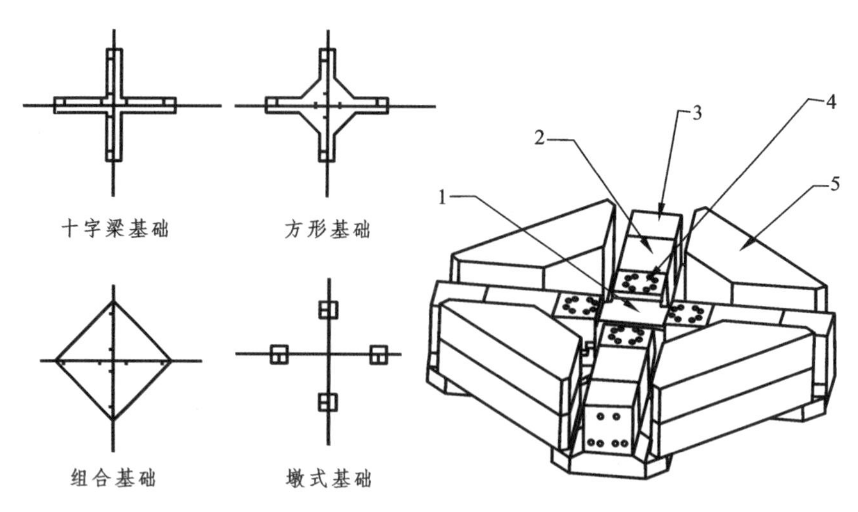

1—中心件；2—过渡件；3—端件；4—覆土；5—抗倾扭配重件。

图 3-58　新型装配式塔吊基础

（5）绿色施工技术应用

成都天府国际机场建造过程强调环保，大力倡导绿色施工，围绕“四节一环保”，综合应用了 43 项绿色施工技术，形成了一套可实施、可推广的绿色施工做法，不仅节约了大量建造成本，创造了可观的直接经济效益，还产生了良好的社会效益，绿色施工技术应用情况详见表 3-6。

表 3-6　绿色施工技术应用情况

序号	应用技术名称
一、环境保护技术 9 项	
1	钢结构智能测量技术
2	钢结构虚拟预拼装技术
3	导线连接器应用技术
4	机电消声减振综合施工技术
5	建筑垃圾减量化与资源化利用技术
6	施工扬尘控制技术
7	施工噪声控制技术
8	绿色施工在线监测评价技术
9	基于智能化的装配式建筑产品生产与施工管理信息技术

续表

序号	应用技术名称
二、节能技术8项	
1	钢结构高效焊接技术
2	工业化成品支吊架技术
3	机电管线及设备工厂化预制技术
4	内保温金属风管施工技术
5	施工现场太阳能、空气能利用技术
6	垃圾管道垂直运输技术
7	种植屋面防水施工技术
8	高性能门窗技术
三、节材技术22项	
1	装配式支护结构施工技术
2	高耐久性混凝土技术
3	高强高性能混凝土技术
4	自密实混凝土技术
5	混凝土裂缝控制技术
6	高强钢筋应用技术
7	高强钢筋直螺纹连接技术
8	预应力技术
9	钢筋机械锚固技术
10	销键型脚手架及支撑架
11	清水混凝土模板技术
12	管廊模板技术
13	高性能钢材应用技术
14	钢结构深化设计与物联网应用技术
15	钢结构滑移、顶（提）升施工技术
16	钢与混凝土组合结构应用技术
17	基于BIM的管线综合技术
18	金属风管预制安装施工技术
19	工具式定型化临时设施技术

续表

序号	应用技术名称
20	混凝土楼地面一次成型技术
21	建筑物墙体免抹灰技术
22	地下工程预铺反粘防水技术
四、节地技术 4 项	
1	综合管廊施工技术
2	建筑用成型钢筋制品加工与配送技术
3	深基坑施工监测技术
4	大型复杂结构施工安全性监测技术

通过“四节一环保”关键技术研究与应用，航站楼单位面积能耗比同气候区航站楼节能 26%。施工过程中采用装配式边坡、可回收式跨越基坑管线、装配式塔吊基础等可回收利用技术，保证了施工安全的同时，极大程度实现了资源的回收再利用。

3. 项目实际效益及可推广价值

成都天府国际机场形成的技术成果不仅对节能减排起到了积极作用，同时让项目管理效益逐步提高，项目管理团队创新意识不断提高，项目绿色施工也得到了社会各界的认可。项目于 2020 年获得三星级绿色建筑设计认证，4 个标段分别于 2018 年、2019 年、2021 年、2022 年获得四川省绿色施工示范工程。工程自建设以来，受到众多专家、学者及媒体的关注，项目的绿色施工创新做法也在全行业得到宣传推广。承办了“全国绿色施工观摩会”“四川省绿色施工观摩交流会”“中国建筑总公司绿色施工观摩会”“中建八局绿色施工现场观摩会”“四川省机场建设集团安全质量项目标准化观摩交流会”等数十次大型观摩会，以及四川省建设厅、成都市政协、成都市建委、成都市环保局等百余次参观、考察，四川卫视、成都电视台、华西都市报、成都商报等数十家新闻媒体报道，极大地提升了企业的品牌形象和社会影响力。成都天府国际机场项目不仅是中建八局近年来创建的众多绿色施工示范工程中一个最有代表性的工程，为建筑业推进绿色施工树立了一面旗帜；同时，也是建筑业新时期深化工程项目管理，实施创新驱动发展战略的先行者和探索者，相关经验值得全行业学习、借鉴和大力推广。项目主要参与单位见表 3-7。

表3-7　项目主要参与单位

序号	责任主体	单位名称
1	建设单位	四川省机场建设集团有限公司
2	勘察单位	中国建筑西南勘察设计研究院有限公司
3	设计单位	中国建筑西南设计研究院有限公司
4	监理单位	上海市建设工程监理咨询有限公司 四川西南工程项目管理咨询有限责任公司
5	施工单位	中国建筑第八工程局有限公司（T1航站楼） 中国华西企业股份有限公司（T2航站楼） 京城建集团有限公司（GTC换乘中心） 上海建工集团股份有限公司（旅客过夜酒店）

案例推荐单位：中建八局西南建设工程有限公司

第4章 展望与探讨

“十四五”时期是开启全面建设社会主义现代化国家新征程的关键时期，也是城乡建设领域碳达峰的攻坚期、窗口期。目前，全省城镇化处于加快推进期，城乡发展不断深度融合，人民群众对美好居住环境的需求越来越高，资源能源需求持续刚性增长，绿色建筑与建筑节能发展面临巨大挑战和发展机遇。为此，下一步要坚持稳中求进的工作基调，坚持系统谋划、分步实施，从以下五个角度发力，以绿色低碳发展为引领，推进城市更新行动和乡村建设行动，加快转变城乡建设方式，提升城乡建设绿色低碳发展质量。

4.1 建立健全法规标准体系

优化新建建筑节能降碳设计，倡导“被动式技术优先、主动式技术优化”设计原则，全面推广绿色建筑设计，充分利用自然采光和通风，采用高效节能低碳设备，提高建筑节能水平。发挥设计在工程价值链上的引领作用，提升室内空气、水质、隔声等设计水平。落实工程建设各方责任，严把施工图审查关和工程项目验收关，严格执行工程建设节能强制性标准，确保标准执行到位。加快推进 BIM 正向协同设计，倡导多专业协同、全过程统筹集成设计，优化设计流程，提高设计效率。持续提高新建建筑节能标准，加快推进超低能耗、近零能耗、低碳建筑规模化发展。鼓励绿色建材、低碳技术等在工程建设全生命周期中的应用。

4.2 强化既有建筑节能改造

适应居民采暖、空调、通风等需求，积极开展既有居住建筑节能改造，提高建筑用能效率和室内舒适度。在城市更新、城镇老旧小区改造中，鼓励加强建筑节能改造，明确空调、照明、电梯等重点用能设备和外墙保温、门窗改造等重点内容。倡导居民在更换门窗、空调、壁挂炉等部品及设备时，采购高效节能产品。探索建筑节能咨询、诊断、设计、融资、改造、托管等“一站式”综合服务模式，推动既有公共建筑节能改造。推广应用建筑设施设备优化控制策略，提高采暖空调系统和电气系统效率，加快 LED 照明灯具普及，采用电梯智能群控等技术提升电梯能效。强化建筑运行节能降碳管理，定期开展公共建筑空调、照明、电梯等重点用能设备调试保养。

4.3　推动可再生能源应用

根据建筑利用条件和用能需求，统筹太阳能资源建筑应用，宜电则电，宜热则热。研究制定出台建筑太阳能应用推进政策，推进新建建筑太阳能光伏一体化设计、施工、安装，鼓励政府投资公益性建筑，加强太阳能光伏应用。加强既有建筑加装光伏系统管理，应保证建筑或设施结构安全、防火安全，并事先评估建筑屋顶、墙体、附属设施及市政公用设施上安装太阳能光伏系统的潜力，加强光伏系统安全性、耐候性的监督和管理。研究可再生能源建筑一体化应用、建筑电气化等建筑低碳关键技术，合理利用浅层地能、太阳能、风能等可再生能源，提高建筑采暖、生活热水、炊事等电气化普及率。推进太阳能、生物质能等可再生能源在乡村供气、供暖、供电等方面的应用。

4.4　提升绿色建筑发展质量

推进绿色建筑标准实施，严格落实建设单位首要责任，明确设计、施工、监理主体责任，加强规划、设计、施工、验收和运行管理。加强政策支持，鼓励政府投资公益性建筑、大型公共建筑等。新建建筑全部建成星级绿色建筑，加大申报星级绿色建筑标识支持力度。在土地出让（划拨）阶段明确建设项目的绿色建筑等级，并纳入建设工程规划审查和验收。完善绿色建筑专项审查制度，施工图审查机构对项目绿色建筑等级和设计内容进行审查。建设单位对照现行地方标准《四川省绿色建筑工程专项验收标准》DBJ51/T 208 开展绿色建筑专项验收。加强绿色建筑运行管理，提高绿色建筑设施、设备运行效率，鼓励将绿色建筑节水、节能等日常运行要求纳入物业合同范围。推进既有建筑绿色化改造，鼓励与城镇老旧小区改造、抗震加固等同步实施。

4.5 加大财政金融支持

加大省级财政资金对建筑节能降碳改造的支持力度。落实支持建筑节能、鼓励资源综合利用的税收优惠政策。鼓励政府采购支持绿色建材，促进建筑品质提升试点，城市逐步完善绿色建筑和绿色建材政府采购需求标准，在政府采购领域推广绿色建筑和绿色建材应用。推动绿色金融与绿色建筑协同发展，创新信贷等绿色金融产品。鼓励银行业金融机构在风险可控和商业自主原则下，创新信贷产品和服务支持超低能耗建筑、绿色建筑、装配式建筑、智能建造、既有建筑节能改造、建筑可再生能源应用和相关产业发展。鼓励开发性、政策性金融机构按照市场化、法治化原则，为实现碳达峰、碳中和提供长期稳定融资支持。

附　录

附录 1　2023 年部分省（直辖市）城乡建设领域绿色低碳相关政策汇总

省（直辖市）	政策文件名称	发文号
四川省	中共四川省委　四川省人民政府关于加快建设质量强省的实施意见	—
	四川省人民政府关于印发四川省碳达峰实施方案的通知	川府发〔2022〕37 号
	四川省工业领域碳达峰实施方案	川经信环资〔2023〕173 号
	四川省财政厅关于印发《财政支持做好碳达峰碳中和工作实施意见》的通知	川财资环〔2023〕19 号
	四川省住房和城乡建设厅等 17 部门印发《关于加强县城绿色低碳建设的实施意见》	川建勘设科发〔2023〕34 号
河北省	关于印发《河北省城乡建设领域碳达峰实施方案》的通知	冀建节科〔2023〕2 号
湖北省	关于加强可再生能源建筑应用管理的通知	鄂建文〔2022〕54 号
	湖北省城乡建设领域碳达峰实施方案	鄂建文〔2023〕28 号
江苏省	江苏省城乡建设领域碳达峰实施方案	苏建科〔2023〕10 号
上海市	上海市城乡建设领域碳达峰实施方案	沪建建材联〔2022〕545 号
重庆市	重庆市城乡建设领域碳达峰实施方案	渝建〔2023〕1 号
	重庆市住房和城乡建设委员会关于做好 2023 年全市绿色建筑与节能工作的通知	渝建绿建〔2023〕3 号

附录 2　四川省城乡建设领域绿色节能地方标准制定情况

序号	标准编号	标准名称	发布日期	实施时间
1	DBJ51/T 020—2013	四川省绿色学校设计标准	2013-12-31	2014-3-1
2	DBJ51/T 019—2013	四川省被动式太阳能建筑设计规范	2013-12-31	2014-3-1
3	DBJ51/T 037—2015	四川省绿色建筑设计标准	2015-1-9	2015-5-1
4	DBJ51/T 056—2016	四川省建筑工程绿色施工规程	2016-4-13	2016-8-1
5	DBJ51/T 058—2016	四川省公共建筑节能改造技术规程	2016-6-17	2016-10-1
6	DBJ51/T 092—2018	四川省绿色建筑运行维护标准	2018-4-12	2018-6-1
7	DB51/5027—2019	四川省居住建筑节能设计标准	2019-1-30	2019-5-1
8	DBJ51/143—2020	四川省公共建筑节能设计标准	2020-4-8	2020-10-1
9	DBJ51/T 149—2020	四川省被动式超低能耗建筑技术标准	2020-7-3	2020-11-1
10	DBJ51/T 009—2021	四川省绿色建筑评价标准（修订）	2021-11-23	2022-3-1
11	DBJ51/168—2021	四川省住宅设计标准	2021-4-26	2021-11-1
12	DBJ51/T 010—2022	四川省民用建筑节能工程施工工艺规程	2022-10-24	2023-2-1
13	DBJ51/T 208—2022	四川省绿色建筑工程专项验收标准	2022-11-15	2023-3-1
14	DBJ51/T 223—2023	四川省地源热泵系统工程技术规程	2023-3-13	2023-7-1
15	DB51/T 5052—2007	建筑给水排水与采暖工程施工工艺规程	2007-12-28	2008-1-1

续表

序号	标准编号	标准名称	发布日期	实施时间
16	DB51/T 5065—2009	建筑外窗、遮阳及天窗节能设计规程	2009-12-16	2010-1-1
17	DB51/5067—2010	四川省地源热泵系统工程技术实施细则	2010-2-1	2010-2-15
18	DBJ51/T 017—2013	四川省民用建筑节能检测评估标准	2013-10-31	2014-1-1
19	DBJ51/T 021—2013	建筑反射隔热涂料应用技术规程	2013-12-31	2014-3-1
20	DBJ51/T 034—2014	建筑用能合同能源管理技术规程	2014-11-25	2015-2-1
21	DBJ51/T 027—2014	建筑工程绿色施工评价与验收规程	2014-5-22	2014-9-1
22	DB51/5033—2014	建筑节能工程施工质量验收规程	2014-7-25	2014-12-1
23	DBJ51/T 039—2015	四川省民用建筑太阳能热水系统评价标准	2015-5-22	2015-8-1
24	DBJ51/T 041—2023	四川省建筑节能门窗应用技术规程	2023-3-13	2023-7-1
25	DBJ51/T 043—2015	民用建筑机械通风效果测试与评价标准	2015-7-23	2015-12-1
26	DBJ51/055—2016	四川省高寒地区民用建筑供暖通风设计标准	2016-5-11	2016-11-1
27	DBJ51/T 076—2017	四川省公共建筑能耗监测系统技术规程	2017-4-27	2017-8-1
28	DB51/T 5049—2018	四川省通风与空调工程施工工艺标准	2018-5-25	2018-8-1
29	DBJ51/T 091—2018	四川省公共建筑机电系统节能运行技术标准	2018-5-25	2018-8-1
30	DBJ51/T 199—2022	四川省碲化镉发电玻璃建筑一体化应用技术标准	2022-4-25	2022-9-1

续表

序号	标准编号	标准名称	发布日期	实施时间
31	DB51/T 5042—2007	复合保温石膏板内保温系统工程技术规程	2007-7-10	2007-7-15
32	DB51/T 5071—2011	蒸压加气混凝土砌块墙体自保温工程技术规程	2011-2-11	2011-5-1
33	DBJ51/T 013—2012	酚醛泡沫保温板外墙外保温系统	2012-12-26	2013-3-1
34	DB51/T 5062—2013	EPS 钢丝网架板现浇混凝土外墙外保温系统技术规程	2013-6-14	2013-10-1
35	DBJ51/T 035—2014	挤塑聚苯板建筑保温工程技术规程	2014-12-24	2015-4-1
36	DBJ51/T 025—2014	保温装饰复合板应用技术规程	2014-7-16	2014-11-1
37	DBJ51/T 051—2015	四川省水泥基泡沫保温板建筑保温工程技术规程	2015-10-26	2016-2-1
38	DBJ51/T 042—2015	四川省建筑工程岩棉制品保温系统技术规程	2015-7-21	2015-12-1
39	DB51/T 5061—2015	水泥基复合膨胀玻化微珠建筑保温系统技术规程	2015-7-23	2015-12-1
40	DBJ51/T 070—2016	四川省膨胀玻化微珠无机保温板建筑保温系统应用技术规程	2016-12-28	2017-3-1
41	DBJ51/T 082—2017	四川省非透明保温面板幕墙工程技术规程	2017-9-22	2018-1-1
42	DBJ51/T 098—2018	四川省聚酯纤维复合卷材建筑地面保温隔声工程技术标准	2018-7-2	2018-8-15
43	DBJ51/T 100—2018	四川省现浇混凝土免拆模板建筑保温系统技术标准	2018-9-26	2019-2-1
44	DBJ51/T 111—2019	四川省预制装配式自保温混凝土外墙板生产、施工与质量验收标准	2019-3-12	2019-7-1
45	DBJ51/T 001—2019	四川省烧结复合自保温砖和砌块墙体保温系统技术标准	2019-5-8	2019-9-1

续表

序号	标准编号	标准名称	发布日期	实施时间
46	DBJ51/T 002—2019	四川省烧结自保温砖和砌块墙体保温系统技术标准	2019-5-8	2019-9-1
47	DBJ51/T 122—2019	四川省农村居住建筑烧结自保温砖和砌块墙体保温系统技术标准	2019-8-12	2019-11-1
48	DBJ51/T 130—2019	四川省自保温混凝土复合砌块墙体应用技术标准	2019-9-27	2020-1-1
49	DBJ51/T 150—2020	四川省不燃型聚苯颗粒复合板建筑保温工程技术标准	2020-9-23	2021-1-1
50	DBJ51/T 167—2021	四川省微晶发泡陶瓷保温装饰一体板系统技术标准	2021-3-29	2021-8-1
51	DBJ51/T 171—2021	四川省玻纤增强复合保温墙板应用技术标准	2021-7-6	2021-11-1
52	DBJ51/T 211—2022	四川省民用建筑围护结构保温隔声工程应用技术标准	2022-11-15	2023-3-1
53	DBJ51/T 212—2022	四川省弹性垫层浮筑楼板隔声保温系统技术标准	2022-11-15	2023-3-1
54	DBJ51/T 205—2022	四川省增强型水泥基泡沫保温装饰板外墙外保温工程技术标准	2022-6-10	2022-10-1